U0839635

一本专属精品女人的“品位”提升指南，
最具含金量的魅力圣经，让你成为令人怦然心动的女人。

跟第一夫人学品位

GenDiyiFuren Xuepinwei

刘凤珍◎著

品位，是一种人生态度，
是一种生活追求，
更是一种心灵修行的自然结果。

优雅是女人魅力皇冠上的珍珠

中国華僑出版社

图书在版编目(CIP)数据

跟第一夫人学品位 / 刘凤珍著.—北京:中国华侨出版社,
2010.3

ISBN 978-7-5113-0251-9

Ⅰ.①跟… Ⅱ.①刘… Ⅲ.①女性—成功心理学—通俗读物 Ⅳ.①B848.4-49

中国版本图书馆 CIP 数据核字(2010)第 033981 号

跟第一夫人学品位

著　　者 / 刘凤珍
责任编辑 / 齐敬霞
责任校对 / 李瑞琴
经　　销 / 新华书店
开　　本 / 787×1092 毫米　1/16 开　印张/ 18　字数/220 千字
印　　刷 / 湘潭市风帆印务有限公司
版　　次 / 2010 年 6 月第 1 版　2012 年 1 月第 2 次印刷
书　　号 / ISBN 978-7-5113-0251-9
定　　价 / 29.80 元

中国华侨出版社　北京市安定路 20 号院 3 号楼　邮编:100029
法律顾问:陈鹰律师事务所
编辑部:(010)64443056　64443979
发行部:(010)64443051　传真:(010)64439708
网址:www.oveaschin.com
E-mail:oveaschin@sina.com

前 言

品位是个很宽泛的概念，有着无比丰富的内容。

对于穿梭于城市中的每一个时尚女人，你穿什么样的衣服，用什么样的包包，这是品位。但这只是品位的表象。当一个女人举止得宜，谈吐优雅，在社交场合建立起一种让人赞赏的个人风格，巧妙地在各种力量之间取得一种平衡时，她已经成功地使“品位”外延。

但这还不是品位的全部。

那些走在时代前列的成功女性给予我们的启示是：品位是一种对个人目标的选择和坚守。

你想成为什么样的人，过一种什么样的生活，以此为方向，你对职业、对理想中的男人有什么样的定位，对自己每一步的行程有什么样的设计？这也是品位，而且是最难把握的“第一等”的品位。

品位的提升，绝非一日之功，每个女人从仔裤、白球鞋、马尾辫、懵懵懂懂、口无遮拦的青春少女到妆容严整、一颦一笑都具有独特味道和深远意义的优雅女性，都有很长的一段路要走。

学习品位，当然要以第一流的女人为参照物。

有“第一”之称谓的女性，首推那些“第一夫人”们。如果她们的丈夫是一国元首、一国之君，那么，她们自然也就顺理成章地上升到“第一”

的位置。跟第一夫人学品位，我们要学习的重点是如何识别好男人，抓住好男人，同时，积极修炼自己的内涵和境界，配合男人的舞步，打造良好的公众形象，推动事业的发展。

这种“第一”，有风光的一面，自然也有缠手之处。

所以这种学习还包括如何举重若轻地搞定那些觊觎你地位的女人，打造有热情、有趣味，相互支持和理解的第一家庭。地位高，压力自然也就大，做第一夫人，还要有与丈夫携起手来，共同面对外界冲击与考验的定力。

另一种可以冠之为“第一”的女人，是以她们的个人形象屹立在这个世界上的。英国前首相玛格丽特·撒切尔，乌克兰前“美女总理”尤莉娅·季莫申科，刚卸任不久的中国国务院副总理吴仪，美国前任国务卿康多莉扎·赖斯等等，当然，其中也少不了具有双重身份的美国曾经的第一夫人，如今天大权在握的国务卿希拉里·克林顿。向她们学习，首先是女性对自己的社会定位和方向的选择。这一类的女性，最为明显的特征就是当同龄的女孩精心涂抹指甲油，为和一个男孩的约会激动不已时，她们正在图书馆里翻阅专业的书籍或者正在某个辩论会上阐述自己的观点。然后，时光流转，当普通的女性心气儿松懈，无可挽救地向“黄脸婆”的行列迈进时，她们已经潇洒自如地站在一个光芒万丈的舞台上，言辞有力，光彩照人。她们更专业、更坚定的做事的态度，面临复杂环境时更干脆、更有实效的处理方法，都给天下的女性树立了一个标尺。

还有一类女性，如曾经获得诺贝尔文学奖的美国女作家赛珍珠，法国的时尚女王夏奈尔，民国时期的一代奇女子张爱玲、林徽因，今天依然活跃在传媒圈子的杨澜，她们在自己的领域里独领风骚，构成一个姹紫嫣红的美丽世界。她们的经历，鲜活生动地阐释了一个女性的出身、

婚恋、才华、个性、机遇等客观因素与成功的关系，让我们更为清晰明了地看到了命运之门的开启与关闭。

凡第一流的女性，其成功并非偶然。她们有着出类拔萃的成就，当然也有着高雅出众的品位，绝对值得让我们细细地体味。

或许你会说，如果我有钱有闲，自然也会培养起不凡的品位来，但是现在买个包包都要算计一番，迟到一分钟也要看上司的脸色，讲品位，还是等等吧。然而事实并非如此，一个粗粗啦啦的女人，每天的工作也不过是以自己的时间精力换取金钱，维持生计还可以，积累和提升就谈不上了。如此年复一年，岁月虚度。

更合理的次序，是先将自己打造成一个有品位的女人，然后再于广阔的天地中寻找成功的机会。即使在今天你的出身和教育背景不见得多好，职位也不见得有多高，但是只要心中有梦想，言行举止讲格调，慢慢地你就会拥有一种与众不同的气质与风貌，你的上司、同事、朋友、爱人，你周围所有的人，会欣赏你，帮助你，你成功的机会也就空前地多起来。

目　录

contents

第一章　跟第一夫人学贵气：先从形象上把自己打造成理想中的女人

魅力放大女性的个人价值 \ 2

让得体的服饰提升你的气质 \ 4

服饰选择，要明白你的“受众”是谁 \ 6

保持个性标识，不必频繁改变发型 \ 8

女人的尊贵从鞋开始 \ 11

魅力平平，运动让你鲜活起来 \ 13

声音是女人的第二张面孔 \ 16

清洗你在不经意中流露的“草根” \ 19

第二章　跟第一夫人学大气：品位靠实力不靠演技

最出色的品位是个性的自然流露 \ 22

经济独立，让女人更有味道 \ 25

不会褪色的，是知性之美 \ 28

让社会接纳你，你必须时刻保持清醒的头脑 \ 31

远离八卦和肥皂剧 \ 34

同情和善良使每一个女人都变成天使 \ 37

不被“格调”所误，选择适于自己的生活风格 \ 40

任何情况下，都保持应有的节奏 \ 43

第三章 跟第一夫人学心气：让你的所作所为都为一个共同的大目标服务

以前辈女性做榜样，永不向命运低头 \ 48

把自己当作贵族，没有什么是你不配享用的 \ 51

一步一个台阶，打破既定等级 \ 55

没有经验不要紧，热情可以弥补你的不足 \ 58

尽早开始提高交朋友的水准 \ 61

年轻女孩必须从多方面锻炼自己 \ 64

好运不可兼得，为了梦想必须付出一些代价 \ 67

为将来做出长远规划，不犯短视的错误 \ 70

第四章 跟第一夫人学雅气：在奢华中讲格调，在俭朴中讲个性

富有不是尊贵，没钱不等于没品位 \ 78

善待自己和身边的人，不必在小处省钱 \ 82

刷卡时代，看看是什么“卡”住了你的钱袋 \ 85

contents

买名牌,不如坚持自己的搭配主张 \ 88

感性的女人,理性的消费 \ 92

精心设计你的家,先从心态上"高级"起来 \ 95

主持宴会,要吃出你的风格和品位 \ 98

做一些善事,体验品位的最高境界 \ 101

第五章 跟第一夫人学灵气:有情趣的女人永远不会使身边的人感到乏味

注重生活细节,让平淡的日子发光 \ 106

好女人不是美女图,"中看"还要"中用" \ 108

激活你身上的艺术天分,最好有一技之长 \ 112

有激情的女人不会枯萎 \ 115

优雅女性身上没有年龄的界限 \ 118

性感不必太精致,回归原始的性别之美 \ 121

保持一种嗜好,给自己放松的机会 \ 124

培养幽默感,做个有趣的女人 \ 127

第六章 跟第一夫人学口气:出众的社交技巧为你赢来更多的拥戴者

最能打动人心的是善意和真诚 \ 132

谈吐优雅的女性,气质更迷人 \ 135

倾听是女性最具亲和力的姿态 \ 138

请不要吝啬你的赞美 \ 142

contents

面对突发事件，避免沦为情绪的奴隶 \ 145

与人交流，什么场合说什么话 \ 148

讲究社交礼仪，别让小毛病出卖你的身份 \ 151

让你接触到的每个人都心情舒畅 \ 154

和异性交往，甘于做个“小女人” \ 158

谦逊和友善才是真正的高贵 \ 161

第七章 跟第一夫人学英气：职业素质是给自己加分的重要筹码

使女人变老的不是辛苦，而是无所事事的懈怠 \ 166

不做花瓶，巧妙回避职场中的暧昧 \ 169

给自己贴上精明坦荡的标签 \ 172

对职业要有足够的忠实度 \ 175

和人共享秘密是一件危险的事 \ 178

有能力，还要学会做职业舞台上的主角 \ 181

抱怨 100 次，不如放手去做一件事 \ 184

第八章 跟第一夫人学傲气：不要被感情扰乱了你的步子

学会给幸福下定义，回避“不够资格”的男人 \ 188

对再喜欢的男人，“倒追”也要谨慎从事 \ 191

寻找比约会更有趣的事 \ 195

保持神秘感就是保持吸引力 \ 198

contents

再优秀的男人，都不值得你去迁就他 \ 202
别认为“为结婚而恋爱”太庸俗 \ 205
对女性来说，同居不是明智的选择 \ 207
失恋了，学会拍拍手走自己的路 \ 211

第九章 跟第一夫人学福气：坚信夫妻是一个携手和外界周旋的整体

同等条件下，选择能帮你实现梦想的男人 \ 216
最好的婚姻关系是互补 \ 219
男人能抵御枪林弹雨，却受不了女人的鄙视 \ 223
妻子有责任维护丈夫的形象 \ 226
给男人一条枪，鼓励他去战斗 \ 229
每个丈夫都不可避免地会受老婆的影响 \ 232
提升自身条件，与他的地位匹配 \ 235
你能推动男人，但无法改造男人 \ 238

第十章 跟第一夫人学脾气：用理性和智慧通过危机的考验

干涉不要太多，男人的耐性是有限的 \ 244
学会在无关紧要的小事上妥协 \ 247
嫁给他，就要适当地隐藏自己的光芒 \ 250
用沟通帮婚姻释放“恶性能量” \ 252
冷战的夫妻之中没有赢家 \ 255
在身份和感情之间做出选择 \ 259

contents

以自然的心态，为愤怒“疗伤” \ 261
不玩引火烧身的游戏 \ 264
命运多变，要有抗击风雨的准备和耐性 \ 267

contents

第一章

跟第一夫人学贵气：

先从形象上把自己打造成理想中的女人

“合宜的服饰可烘托出你的性感，然而花大钱却不一定奏效，性感需要智慧的取舍，以及用心的投资。”

——好莱坞性感女星莎朗·斯通

魅力放大女性的个人价值

凡女人，大都对“扮靓”有着浓厚的兴趣，衣裙、首饰、包包、化妆品，一样样精挑细选，把自己装扮得花枝招展，心定了，气顺了，然后才有心思关注身外的天下大计、事业生活。

这是女性的特点，也是女性的优点。在今天这个繁华的世界里，一个时尚美女比一个蓬头垢面的“柴火妞”，肯定可以开拓更广的空间吸引更多的资源。放眼看去，那些在各个领域里独领风骚的女性，出现在公众场合时，无不是衣着亮丽，笑容迷人，向人们展示着她们最富于吸引力的一面。

女人的前途，在于对自身魅力的觉醒，并且永远不言放弃。对于每一个女人，自身的魅力都是她征服世界的最有力武器之一，如果你的魅力完全发挥出来，你就是聚光灯下那个万人瞩目的美女；如果你没有给自己穿上华美的衣裳和水晶鞋，你就可能永远都是在灶台边拣豆子的灰姑娘。

活跃在乌克兰政坛，有“天然气公主”和“美女总理”之称的季莫申科

拥有出众的美貌，加上打扮时尚，举手投足更像个光彩照人的明星，而不像政治人物。她在乌克兰政坛能够顺利打拼出总理的位子，她的个人魅力起了很大的作用。

政治舞台上同样可以有绯色新闻出现，不管这里的真真假假到底如何，我们可以肯定，季莫申科是一位魅力超群而且善用自身魅力的女性，所以如今她才可以傲然立于权势与财富的顶峰。

如果你把美女当成花瓶，把季莫申科式的成功看成一场美色与权势的交易，那么你还没有理解女性魅力的深层意义。你是不是一个魅力女人，其实就代表着你对自己有怎样的定位。事实上，即便是在平凡的生活之中，那些衣着得体、容颜干净漂亮的女子，不管是工作还是持家，也都很有一套方法。在她们心中有自己的原则，有长远的规划，处理起任何事情来都有条不紊。相反，那些蓬头垢面、马马虎虎的女人，在内算不得一个好伴侣，走出门去也难得上司或客户的青睐。所以说女人打造自己的美丽，并不仅仅是想做给别人看，或者以此为自己争取到什么东西。对自己用心的人，自然会更了解自己，知道自己的长处和努力的方向。

一个女人，不关心自己的外在魅力，这无异于是不关心自己。不注重自己的外貌，也会受到和不注重内涵一样的待遇，甚至情况更为糟糕。

有许多女人都有一个模模糊糊的心愿，她们期望自己成功，同时也期望自己拥有美丽，有时甚至会为两者孰轻孰重、孰先孰后产生疑惑。却不知女人美丽与成功，从来都是相辅相成的，成功所带来的优裕与安定的生活，于她们的容颜是最佳的滋养，而女人的优雅与美丽，天生对成功就有一种吸引力，会使世间的好东西源源不断地流入她们的口袋。

聪明的女人应该明白，魅力是一种可以学习，可以发展的素质，只要

你愿意，就完全可以给自己的外形做主。在电影《窈窕淑女》中，奥黛丽·赫本饰演的那个少女，就成功地由一个出身贫贱、行为粗鲁的女孩，经过学习终于脱胎换骨，变得气宇非凡。脱颖而出的美女故事不是神化，只要具备了美感的表露技巧，谁都可以做到。

让得体的服饰提升你的气质

专栏作家孙未说：一个女人不讲究穿着，说明她对吸引异性已经绝望了。而一个男人不在衣着上花重金，说明他对在社会上立足已经绝望了。

对于那些心里还有梦想的女性来说，“吸引异性”和“立足社会”都是极为重要的事，那么，你就不能不在自己的服装上花些心思。

现代社会，服饰是一个人层次与地位的最直观的体现。你每天早晨出门，即使一个对你的底细毫无了解的路人，也能从你的服饰中，对你的职业、个性、目前的生活状态和未来的发展潜力看个八九不离十。

一个女性如果一面想受人倾慕一面又衣着灰暗甚至邋遢，则无异于犯了一种南辕北辙的错误。

高贵的女人，在穿着举止上自然要与自己的身份相称，而那些平凡的小女子们，头上没有家族、丈夫和职位的光环的笼罩，你就代表你自己，这更需要力争上游，不在印象分上失招。

优雅的穿着，等于在告诉大家："这是一个重要的人物，聪明、成功、可靠。大家可以尊敬、仰慕、信赖他。他自重，我们也尊重他。"

反之，一个穿着邋遢的人给人的印象就差，它等于在告诉大家："这是个没什么作为的人，他粗心、没有效率、不重要，他只是一个普通人，不值得特别尊敬他，他习惯不被重视。"

在与人打交道时，你的仪表姿态并非是"一言不发"的，提高自己的价值和分量，从衣饰上着手是最有效的入门方式。我们需要解决的，是究竟要"提升"到什么程度的问题。尽管有人宣称非顶级名牌不穿，更有些贵妇们会为定做一套晚装飞两趟巴黎，但是这种谱，并不是每个人都可以摆的。这不是买得起买不起的问题，洗清你身上的"俗气"，不等于可以无限铺张。当一个人的衣饰和自己的实力地位严重不符时，不但起不到提高吸引力的作用，反而容易被人评判为"虚荣、浮夸、好大喜功"，甚至有被人当成"捞女"的可能。本是为了提升身份，增加信任感的包装，反而成了负面影响。

最得宜的服饰，是比你的现实身份提升一个格，仅仅是一个格而已，步子跨得太大，难免根基不牢。初涉职场的新人，可以将自己装扮成公司的中坚力量；中层的管理人员，可以向上司的衣着风格看齐；创业阶段，你可以穿得精明干练，表现你的素质，站稳脚跟之后，就要穿得大气些、沉稳些，展示一下自己的信心和品位。上升要一步一个台阶地走，总有一天，你会成为自己希望中的那种样子。

如果你需要得到认同，需要得到表现自己的机会，可以先在服饰上表达你的态度。服饰之礼并非约束，你若服从它，它就会推进你走向前台。

乔·吉拉德说："一个人的外在形象，反映出他特殊的内涵。倘若别人

不信任我们的外表，你就无法成功地推销自己了。"穿着成功不一定保证你成功，但不成功的穿着保证你失败。

服饰选择，要明白你的"受众"是谁

在现代社会，商品要讲品牌，人也是要讲品牌的。一个人对于个人品牌的定位，则体现了他的品位的高低。

女人在年轻的时候，名不见经传，事业与财富的积累也正在进行中，如果她在人们心目中口碑好，形象佳，则可以加快她的成功历程，而一提起来就让人摇头皱眉的人，要想翻身，难度就大得多。

如果是一件商品，那么它给人的第一印象就是它的包装、它的款式，对于一个人，他的外在形象也对他能否被人喜欢和接受有着直接的关系。现在很多女人都知道"美貌也是竞争力"的道理，舍得把自己有限的资金投到服装店和美容院里。年轻的女子，容易忽视的误区不是随随便便、邋里邋遢，而是个人形象和自己要追求的目标不符。如果拿商品做比喻，就是包装不符合受众的审美观。

如果说衣饰的品质，说明的是一个人的身份，那么它的颜色和款式，则在传递着这个人的个性信息，比如说这个人是时尚的还是保守的，是清

高的还是随和的，是严谨的还是开放的等等。选择什么样的衣饰，不仅仅是私人爱好的问题，你的主张，你的风格，都会在其中得到充分的体现。

英国历史上第一位女首相撒切尔夫人，对自己的化妆、服饰非常讲究。在她身上，没有一般女人的珠光宝气和雍容华贵，只有淡雅、朴素和整洁。从少女时代开始，玛格丽特就十分注重自己的衣着，但并不标新立异、哗众取宠，而是朴素大方、干净整洁。从大学开始，她受雇于本迪斯公司。每个星期五下午，她去参加政治活动时，都头戴老式小帽，身穿黑色礼服，脚登老式皮鞋，腋下夹着一只手提包，显得持重老练。虽然有人笑话她打扮保守，但她却有自己独到的见解："蓝色和黑色是最好的颜色，艳丽的服装会分散人们的注意力。飘带、饰边是绝对不能要的。"这样的打扮能在政治活动中取得别人的信任，建立起威信。她的衣服从不打皱，让人觉得井井有条是她一贯的作风。这对她以后的政治生涯，都起着至关紧要的作用。

一些文艺界、娱乐圈里的人士，在服饰上的选择是自由的。他们的卖点，就是自己的个性，慵懒的、颓废的或者新奇的风格，统统可以粉墨登场，冲击人们的视线。对于大多数女子来说，工作场合，就要求我们以整体的风格为风格，展示良好的公众形象。工作以外的时间，尽可以把自己打扮得纯情、华丽或者性感，但在办公室就不同了，要在尽量穿出自己个性的同时，符合公司的环境。如果实在不知如何打扮，那就采取优雅的淑女装扮，相信不会引起同事们的反感。

成功女性对于自己的要求，当然是要内外兼修的。如果只是装扮对路，而气质谈吐却不像那么一回事儿，你的表面功夫就白做了。

要修炼出一种良好的气质，仅仅会做表面功夫是不行的。有些女孩

说话总是蚊子般细声细气，吃饭时也像数饭粒似的，与人约会故意姗姗来迟，她们以为这就是淑女风度。但淑女不是扮出来的，最重要的是要不断提高自己的层次，不断丰富自己，多读书，多思考。阅读可以丰富你的头脑，同时也会增加思维的敏捷度，思考会使你变得智慧，久而久之，也会使自己的言谈举止都得到提升。只有真正从内心改变自己，才能达到持久的效果。当你出现在人前的时候，如果很自信，底气很足，风度自然也就优雅大方起来。

女人在生活中的每一种具体的表现，都对你个人品牌的形成有着正面或者反面的意义，成功地打造个人品牌，首先要明确自己的目标和"受众"是什么，你要成为什么样的人，就按照什么样的形象来塑造自己，争取有一天变成自己理想中的人物。

保持个性标识，不必频繁改变发型

女性塑造自己优雅、贵气的形象，发型是一大关键。现代形象设计专家认为："形象设计从'头'开始，发型变了，你的形象标识就改变了。"看来发型的确具有标识和导向作用，从"发型"开始显得很有必要。

女人们喜欢选择和变换各式发型，也许是因为头发是女人一个富于

诱惑性的外露部分，可以传递和泄露女人很多不可言传的秘密。女性选择和变换发型的原则和目的通常是为了美丽，很多女人年轻时候最大的愿望也是让自己看上去更美一些。

其实这种认识是远远不够的，你可以试着凝视和端详一下坐在你附近的另外一个女性，你想像一下这个女人变换长发、短发、卷发、盘发、染发之后你对她的感觉，你得到的最直觉的反馈并不是美与不美，而是她给你的绝不雷同的特色、个性和生命气息。

发型其实和服饰一样，都是一个女性最直接的"品牌宣言"，你的品位、个性和追求，都可以通过这些外在因素表达出来。从这个意义上说，女人选择发型是为了美丽，同时也要明白自己现在最需要什么样的形象，最需要表达什么样的特性。在我们周围，有一些女性会为了让自己看起来更美丽、更惹人注目而频频变换发型，今天是大波浪，明天熨成直板，后来又盘个发髻。其实这样一来，反而会使自己的个性符号模糊不清，渐渐淹没在大群的庸脂俗粉之间。做出类拔萃的女人，你应当学会找出最适合你的基本发型，而不是当个流行发型潮流的奴隶。

美国前第一夫人、布什的妻子劳拉，也是一位在发型上坚持自己品位的女性。多年来劳拉一直留着一头短发，她说："我像其他的美国妇女一样，手提包里装的只有一支口红、一把梳子和一盒口香糖。"劳拉强调指出："我的棕色头发、蓝色眼睛以及白皙的皮肤已形成了强烈反差，使我看上去轮廓清晰、五官分明，我喜欢这个样子。"有意思的是，在其他的人生选择上，劳拉也是个很能"坚持"的人。她是同伴中最后一个结婚的人，而且对此一点也不在意。差不多有两年的时间，她的朋友一直在为她介绍男朋友，但是她都拒绝了。与布什结婚前，她一直做图书管理工作并且自

得其乐。

一位女性是什么样的人，有什么样的生活主张，通过发型，都可以明白无误地传递给你身边的人。

有一个叫小欣的女孩，她来自江南的一个小镇，大专学历，在一家广告公司做文案。小欣长得不算美丽，瘦弱的身材，平淡的五官，在公司里一群高挑明艳的北方佳丽中并不出色。可奇怪的是，就是这个不言不语的小女子，却大受那些未婚的年轻男士的青睐，如果碰巧公司有活动散得太晚，等着送小欣回家的男士简直要排队。

说实话，小欣平时的打扮是很出色的，她喜欢穿真丝或者羊绒的衣服，这种让那些豪放女头疼的料子，给小欣的一双巧手打理得熨熨帖帖，看起来非常舒服。小欣一直留长发，不染不烫，但总是定期修剪，不管什么时候，看起来都可以直接给洗发水做广告。这样一个女孩，其温柔和细致可想而知，让同龄的男士们倾慕也是很自然的了。

对于不同身材脸型、不同个性的女子，都有适合于自己的发型，这个发型就是你的“基本款”，它可以将你的优点表达得淋漓尽致。当然，对发型的坚持不等于长期的一成不变，我们只是要强调，你不必把自己弄成一个不断换服装、换发型的芭比娃娃。有时候，细节上的改变就足以让整个人判若两人。假如你想更新你的发型让自己看来更新颖，可以选择染发，挑染，或打层次，改变刘海的形状，以局部的改变就可以打造出不同的印象风格。加一点点现在潮流的元素，不用整个发型改变也能有新的气息。

女人的尊贵从鞋开始

发型、衣裙，再往下数，就是鞋子了。鞋子的“地位不高”，可不等于它就处于次要位置。

人们对鞋有不少说法。有人认为，鞋是身份的象征，尤其是在欧美国家，一些出身高贵或家庭教养良好的人，从很小的时候起就会被告知：鞋是人们对你的成就、可信度、社会背景、教养等方面的一个检验标准。因此，在上流人群中，人们常常会先看鞋再看脸。可见鞋的质量还与穿鞋者的身份品位成正比。

人说“看一个男人的品位，要看他的袜子，看一个女人要看她的鞋子”。这话有道理。衣服是穿给外人看的，内衣是穿给伴侣看的，唯独鞋子，时尚与实用、尊贵与舒适，可以达到一种完美的统一。有许多女人，在不知不觉间，就成了痴迷于鞋子的“恋物者”。

女性的吸引，在于她认识到自己的魅力并且无时无刻不在强化这种魅力，那一双双精美的鞋子，就是平淡与魅惑的分界。

事实上，女人优美的姿态，很大程度上与鞋子紧密相关。穿平底鞋与穿高跟鞋，走路的感觉是完全不一样的。不管你是否喜欢穿高跟鞋，一旦

穿上它，因为要平衡身体的重心，你会不由自主地变得挺拔起来。为了不至于走成“虾米”或“坐板凳”式，你必须适当地收紧小腹，伸直膝盖，将重心自然地从脚跟过渡到脚尖，让步履尽量轻盈一些。如此一来，走路时自然会变得优美婀娜起来。因此，即便个子偏高一点的女性，出席正式场合也可以选择稍有高度的鞋子。

鞋的选购和使用很重要，既要耐穿，符合个性，还要注意可配搭性。一个有魅力的职业女性，至少得有几双能够穿得出去的鞋子。其中要有几双可以搭配各式各季、适合搭配三种自己常用色彩的正式套装的鞋，3~5双晚会鞋，3~5双休闲便鞋，2~3双运动鞋，还应根据喜爱的运动项目选择适宜的专业运动鞋。如果你喜欢旅游、徒步旅行，还得特别准备心爱的旅游鞋或登山鞋。运动休闲是放松和快乐的，穿上心爱的鞋，心中会充满更多的快乐和喜悦感。

买鞋时要根据经济能力选择鞋的价位。但要注意，用于正装的鞋至少得有1~2款尽可能是知名品牌或品质非常好的。价格高昂的皮鞋不仅贵在牌子上，而且在精良技术和可靠质量上。高品质的鞋通常是手工制作的，制作者缝合时小心翼翼并且力求每道工序都尽善尽美，这会延长鞋的使用寿命。意大利的纯手工定制鞋，要经过多达300多道繁复工序的精工细作，充分考量了人体工程学与力学原理，价格高昂是有道理的。

不管你是否消费得起那些名贵品牌，你都应该对它们有所了解和学习，正如你不可能拥有所有的名车、古董、珠宝，但你可以鉴赏和熟悉它们，这是一种修养和品位。每一个名牌都传承了特定的文化，凝聚了经典元素，可以陶冶你的情操，提升品位。

有句广告词：“拥有一双好鞋，它可以带你到任何一个想去的地方！”

这是多么能打动女人们心的一句话。穿上一双高品质的鞋子，你会拥有寻找与之相匹配的高品质生活的自信与动力。女人与鞋子的关系，是一种永远追逐与依赖的关系。从现在开始，给自己买一双好鞋，穿着它，去你想去的地方。

魅力平平，运动让你鲜活起来

有一部外国电视剧有这样一个情节：一个健美女教练，一面带领一群中年妇女做难度极大的健美操，一面给她们鼓劲说："只要坚持下去，我们就会迷倒100个男人，100个呢！"女人们因此做得更加起劲了。这是一种追求美的不老的心态。

女人决不能对自己的外表掉以轻心，如果在你胖起来以后再去改善体形，恐怕付出的努力要更多些。其实35岁以后，在你看起来仍然年轻漂亮时，就应该开始为保持体形而锻炼，那样才能留住你的美。一旦你放松自己，随意吃喝又懒得锻炼，那你不出几个月，就会由一个轻盈美丽的女性，变成一个腰身粗壮的中年妇女。相反，即使你本来相貌平平并不出色，但只要你从此开始修炼内心，并注意保持体形，用不了多久你就会令人耳目一新。

中国女性舍得花钱买衣服，买化妆品，做美容，但很少有人舍得花钱去健身。其实对成熟女性来说身材比容貌更重要。有一部美国电影《到内地去》，讲一个城市女性到澳大利亚的一个小镇里，去找父亲留下的矿藏。到那之后，她问小卖店的女性："哪里有健身房？"那女性答："这儿没健身房！"她问："那你们怎么保持体形呢？"镇上女性答："干活。"

从问答中，我们不难看出西方女性已把健身列为日常生活中必不可少的一部分，所以她们大都身材矫健，充满了力度和美感。

美国前国务卿康多莉扎·赖斯，出生在一个黑人家庭，从小就有运动的天赋。

10岁那年，赖斯成为第一个被伯明翰南部音乐学校录取的黑人音乐学生，而且很快就成为一名杰出的勃拉姆斯音乐的演奏者。在她的空闲时间里，她又摇身变为一名"滑冰公主"，从单腿快速旋转、转身起跳、踮脚到组合动作和双人滑，她样样得心应手。她也学习芭蕾舞、小提琴和网球，即使是在众多的男孩子对手面前，她的大力发球仍然使得她在网球比赛中脱颖而出并取得胜利。除此以外，她还是一名超级橄榄球迷。

赖斯的优点是果断决策和自信心。小心谨慎、怀疑和犹豫不决似乎从不属于她，这些特点加上不懈的努力，她终于在白宫拥有了自己的一席之地，并且发挥着举足轻重的作用。

赖斯的政治家身份，从来就不影响她性感的发挥。2005年2月，当赖斯访德时，她身穿一袭黑色套装飞抵德国，她下身穿了件刚刚盖过膝盖的黑短裙，上身披了件黑外套。黑外套一直垂到小腿中部，外套的前领往下是7枚金制纽扣。脚上是一双高筒靴，靴跟又高又细。

一位法国健身专家这样说过："不要小看一个能够长久保持优美身

材的女人，这通常是一个顽强和很有自制力的女人。"这就是说，女人美丽的身影背后不仅仅是形体的问题，女人提升魅力也不仅仅是漂亮的问题，其中还折射出诸多的女性内涵与素养。

运动有健身美容的功效，事实上它的作用不仅仅于此。运动所带来的身体的活力，可以让女人的心态也变得年轻。看看好莱坞的"不老星"们，那些至今仍活跃在银幕上四五十岁的女性，依然那么充满活力，那么惊人的漂亮。她们为了保持良好的体型而经常锻炼身体：游泳、骑摩托车、跑步……那真是一群永远也不会衰老的女性，或者说，即便已经老了也魅力永存，光芒四射。

欧美一些国家的女性干活与健身是分开的。当然，我们很多人由于收入有限，不可能月月都花上几百上千元去健身房，但自己可以在家里锻炼。各种保持形体的健身法数不胜数，随便尝试一种，只要坚持下来都会有效。

对于成熟女性，可以选择低冲击有氧运动、远行、爬楼梯、网球等运动。对身体的好处是能增加体力，加强下半身肌肉，特别是双腿，像爬楼梯既可以出汗健身，又很适合忙碌的城市上班族天天就近练习。网球则是非常合适的全身运动，能增加身体各部位的灵敏度与协调度，让人保持活力充沛，同时对于关节的压力也不如跑步和高冲击有氧运动来得大。而在心理上，这些运动让人神清气爽，松弛紧张和压力。以爬楼梯为例，有规律地爬上爬下常是控制自己、让心情恢复稳定的好方法；同样，打网球除了有社交作用，还能抛开压力与躁念，训练专心判断力与时间感。

有了一种对美的渴求，为追求它而付出努力，就一定能真正美起来。美能唤起你的自信，延长你的青春。

声音是女人的第二张面孔

声音一直有着美妙而神奇的力量，尤其对女人来说，如同她的第二张面孔。如果一个女子外表举止很美，说话的声音却不尽如人意，那么她给人的印象就要打一些折扣了。

甜美圆润或浑厚磁性的嗓音，会给人留下美好的回味和遐想，会在第一时间抓住别人的心。聪明的女人会注意自己声音的力度、音阶和速度，就像一个音乐家，时时关注着自己演奏的音乐是否优美动人。温柔的语言、温和的态度、婉转的音调、悠扬的旋律，这些加起来，会使一个面貌平庸的女人变得异常有女人味。

最具魅力的声音是自然、诚恳、充满自信和富有活力的声音，这样的声音会迅速抓住男人的心，聪明女人会在悦耳的声音中注入精彩的人性，让声音形成迷人的风景，熔铸男人的钢筋铁骨。

前阿根廷第一夫人埃娃·贝隆被誉为"阿根廷玫瑰"，她用自己的美貌和智慧，不断提升着自己的地位。

少女时代的埃娃并不迷人。她身躯弱小，瘦骨嶙峋。不过，只要细看，就可以发现她容貌的一些动人之处。鹅蛋脸，高额骨，鼻子小巧端正，嘴巴大小适中，牙齿整齐洁白，前额也许太宽了一些，但更显示出天姿聪

慧。更重要的是，她在歌舞和朗诵方面展现了自己的天赋。

埃娃离开家乡，到首都布宜诺斯艾利斯闯天下的时候，既没有专门技术，又没有什么特长，只能以伴舞女郎、酒吧歌女、封面女郎、舞台剧中的小角色惨淡度日。后来听从大导演卢卡斯·德玛雷的建议，投考贝尔格兰诺广播公司。

凭着美丽的容貌与优美的声音，埃娃征服了贝尔格兰诺广播公司的主考官们。他们几乎用不着经过任何考虑就录取了她。1939 年 5 月，当埃娃刚刚过完她 20 岁生日时，她的声音第一次传遍阿根廷的大街小巷。

此后埃娃的事业风生水起，几乎成为人们生活中不可缺少的声音。许多人一下班就来到广播公司门口，为的就是见一见这位的姑娘。埃娃在舆论界、新闻媒体和公众中的良好形象和巨大的影响力，很快引起了政界的重视。在一些官员支持下，埃娃获得了许多在公众活动中露面的机会。当年乡下的姑娘，现在有机会接触那些曾经遥不可及的大人物，这无疑为她日后成为阿根廷第一夫人，搭起了一道天梯。

声音是女人五官、身材以外另一件犀利武器。一个女人如果拥有柔美动人的声音，虽不能说百战百胜，她前面的路却无疑会宽广许多。

女性的声音语调给人们的印象非常重要。美国《今日秘书》杂志中一篇题为《你的语调会妨碍你的前途吗》的文章，曾以旧金山一位办公室女性的经历为例，说明声音语气的重要。这位女士刚从一所有名的商业学校毕业，品学兼优，作为一位办公室工作人员所应具备的水平令人刮目相看。她受雇于一家大公司。上班刚满两星期，忽然接到通知，说她那刺耳又鼻音很重的语调使其雇主不胜其烦，因而将她解雇了。这位失业的女士租了一部录音机，对照自己的发音，反复矫正，终于能用较为悦耳的

语调说话了，很快又谋得了一个高薪职位。

女人的声音是可以训练的，这跟女人的形体一样。现在满街都有训练形体的机构，就是没人去开一间训练女人声音的店。这应该是大生意，因为形体再好，声音不好也会遗憾。有些女人形体不错，但一发声，男人就想跑。不少女人认为声音是天生的，由不得自己，这种观点不对。女人不注意声音的培训，往往会使凤凰变乌鸦，失去声音的魅力。所以，女人像训练形体一样去训练声音，不仅能增加女人的自信，而且能在关键时刻帮助女人改变自己的命运。

人的声音是由发音器官来决定的，但是通过科学的发音方法练习，可以弥补声音的先天缺陷，增加声音的魅力。天生就拥有一副好嗓子是非常幸运的事情，但是专业的节目主持人，必须要经过长时间发音练习，改善音质和音色，才能发出准确清晰、悦耳动听的声音。全球公认的最有气质的东方女性靳羽西在刚开始当电视主持人的时候，也找过几位语言专家，向他们请教说话的技巧。

自己的声音要靠自己来训练。如果想知道在别人耳中听到的你的声音是怎样的，可以用录音机，把自己对着麦克风说话的声音录下来，然后放给自己听。就这样反复地听，反复地练习，用这个办法就能检验自己对声音的训练是否取得了满意的效果。

自然的声音才是悦耳的，你要注意，交谈不是演话剧，无论你是什么样的语音，都应自然流畅，故意做作的声音只能事与愿违。我们所说出的每一个词、每一句话都是由一个个最基本的语音单位组成的，再加上适当的重音和语调。正确而恰当地发音，将有助于你准确地表达自己的思想，使你心想事成，也是提高你的言辞商数的一个重要方面。

清洗你在不经意中流露的“草根”

女性的衣饰、发型、声音、体态是她的第一层品位的标签。当大家坐在一起，开始更进一步的交往时，每个人的言谈举止、气质风度，就要重新接受众人眼光的考量。

一个人的形象，并不是一个简单的穿衣和外表长相的概念，而是一个综合全面素质，外表与内在结合的、流动中的印象。它包括你的穿着、言行、举止、修养、生活方式、知识层次、家庭出身、你住在哪里、开什么车、和什么人交朋友等等。它们在清楚地为你下着定义，你是谁、你的社会位置、你如何生活、你是否有发展前途。

优雅的举止和文明得体的谈吐，往往是你征服别人的第一步。而无意之中那些“不入流”的言行举止，也是毁你没商量。

如果你如今正处于“上流”的位置而时不时就露出一些粗陋的举止，那么无论你是谁，都难以得到人们的尊敬；相反，你身处下层，举止谈吐却符合上层的文明，那么你的上升空间就非常广阔。

很少有人天生的个人魅力超群，要使自己成为一个受大众欢迎的人，可以在社会的大课堂里悉心接受磨练。表现你的文明与教养，可以从一些小节开始：

无论是开会、赴约，还是做客，有教养的人从不迟到。他懂得，即使是无意识地迟到，对准时到场的人来说也是不尊重的表现。如果万一由于某种原因开会迟到了，那么他就会尽可能悄悄地走进会场，力求不因为自己的到来而影响别人。他会坐在紧靠门口的椅子上，而不是在屋里来回走动，到处去找座位。

有教养的人从不打断别人的讲话。他首先要听完对方的发言，然后再去反驳或者补充对方的意见。在这种情况下，急躁和慌乱不仅不能加速解决事情的进程，反而会引起神经过敏和思维紊乱，以致延误问题的彻底解决。

有教养的人在同别人谈话的时候，总是看着对方的眼睛，而不是翻阅文件，来回挪动什么东西，或者摆弄铅笔、钢笔等，因为这些动作只会反映出不耐烦的情绪，使来访者发窘，以致于打断人家的思路。其结果只会占去谈话双方更多的时间。

有教养的人从不生硬地、断断续续地回答别人的问题。明确简练和简单生硬毫无共同之处。

无论是工作还是休息，有教养的人在与人交往时，从不强调自己的职位，从不表现出自己的优越感。

有教养的人遵守诺言，即使遇到困难也从不食言。对他来说，自己说出来的话，就是应当遵守的法规。

当我们心中目标明确，知道要把自己打造成什么样子时，就可以按照那个想像中的形象来塑造自己。每个细小的侧面加起来，就是一个完整的大概念。这时候，无论你的风度素养还是思想见识，都已经发生了脱胎换骨的改变。

第二章

跟第一夫人学大气:

品位靠实力不靠演技

“我不想仅仅做阿卜杜拉的妻子和王室宴会上的装饰，我要在能力范围之内，做自己愿意做的事情。”

——约旦王后拉尼娅

最出色的品位是个性的自然流露

女性品位的提升，应该是一个潜移默化的过程，是个人风格的自然流露。现代女性都希望自己活得充实浪漫，在这种愿望引导下，女人不是变得越来越失去个性，而是越来越突出个性。她们总是根据自己的特点，去寻找恰当的表现自己的形式，以获得真正属于自己的生活品位。

特殊的个性，会造就一个女人的独特魅力，这种魅力会使女人有别于其他人，独树一帜。女人独特的个性是通过言行举止、衣着打扮表现出来的，也可通过女人独特的行事作风和处世原则表现出来，它会形成一种气质、一种风度。它会帮助女人在人群中自然而然地凸显自己，为人们所认识；在无形之中也会对别人产生某种影响力，激发别人对女人独特个性的信心和兴趣，女人也可能因而吸引到一大批的志同道合者，共创美好的事业。从这些意义上讲，个性是一种力量，更是一种资产。

狮子座的女性杰奎琳是一个奇迹，尽管世人对她的所作所为并非完

全赞同，但这不妨碍人们一如既往迷恋她、崇拜她，杰奎琳是她那个时代最出色的偶像。

美国前总统肯尼迪与杰奎琳相遇时，还是一个年轻的风流公子，但是一见到杰奎琳，他就被她身上所散发出的超凡脱俗的迷人气质所吸引。肯尼迪的笔记中曾经这样写的："杰基，看起来比我遇到过的其他年轻女人更有头脑，对生活目的有深厚的意识，而不是只炫耀自己的美丽。因此，我躬着身子从龙须菜上倾过身去要求和她约会。"

当杰奎琳成了肯尼迪夫人之后，她个性和智慧表现得更为充分了。不可否认，杰奎琳的参与是使肯尼迪在总统竞选中获胜的一个重要因素。因为杰奎琳除了陪同肯尼迪到各地发表竞选演说外，她还有一系列的个人举措为肯尼迪赢来了强大的正面影响。比如，她在妇女界掀起一个"为肯尼迪呼喊"的运动，波及全国；她编写了《竞选中的妇女》的每周专栏，向全国各地报纸送稿；她抨击某些文章作者，捍卫丈夫名誉。她不像其他女人一样掩饰自己在家务活动中的不足，而是公开承认自己很少做饭、雇用管家仆人等等。杰奎琳这种与众不同的个人表现，恰恰赢得了许多人的信任。

杰奎琳算不上传统意义上的美女，皮肤黝黑、眼距稍宽的相貌特征令她极富异国情调，过高的颧骨和略宽的脸型流露出坚定的意志和果敢的气质，这种美女是独一无二的，更是不可抗拒的。

人们总是迷恋他们猜不透看不清的人和事，所有的崇拜，只是源自于自己的无法接近。杰奎琳的个性，成就了她的魅力，令全世界都为之神迷折服。

独特的个性使女人们从人群里脱颖而出，成为最亮的那颗星星，做

出让人刮目相看的成就来。真正的成功者总是保持自己鲜明的个性，并深入发掘自己的潜力，绝不会亦步亦趋、削足适履。

具有坚强个性的女人遇到任何事情，都能坦荡大方，并相信自己能够解决好，不像有的女人，遇到紧要的事，就手忙脚乱，不知该怎么办。相比之下，这样的女人就具备了个性魅力。同样，有些人看上去美如天仙，但就是缺少那么一点文化品位，只能是肤浅地谈吐事理，这样就会让人觉得缺乏内涵，与许多漂亮的时髦女性没有什么区别，不免让人遗憾。相反，若能恰当地融入每一个场合特有的氛围之中，机智地表现自己的才能、智慧和幽默，给人与众不同的感觉，那么自己的个性也就表现得淋漓尽致。

当然，女人的个性，并不是为表现而表现，它应该是一个人完全经得起推敲的内涵的折射。中国第一位女指挥家郑小瑛，用精湛的指挥技巧、优雅的气度征服了西方观众和同行，并赢得了高度的赞扬和尊敬。郑小瑛在观众的心目中永远是那种潇洒、美丽的女性。作为指挥家，她优雅得让人信服，因为她绝不像西方女指挥那样不自信地着男性化的燕尾服，她一开始指挥时穿的服装就定位在黑色长裙。郑小瑛的音乐才华，使她的服装定位也成了引人注目的亮点，让人们情不自禁地为她喝彩。

对于每一个有才华有智慧的女性来说，压抑自己率真的个性是没有必要的。适度表露自己的个性，不仅是人性的解放，更是理性的选择。每一个女人都有自己独特的个性，生来就和别人不一样，女人没有必要硬把自己纳入什么模式当中，女人应根据自己的个性特点，去寻找恰当的表现形式，来获得属于自己的生活，并塑造自己独特的魅力。

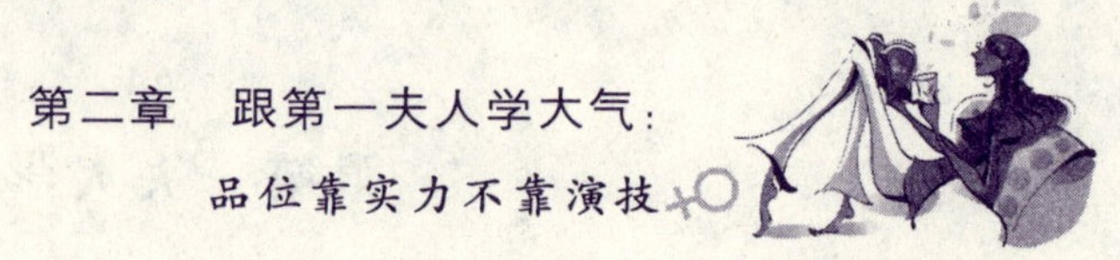

经济独立，让女人更有味道

在生活中我们常常会见到这样一些女人，她们依附某些男人生存，把男人的金钱当成自己的金钱，把男人的荣耀当成自己的荣耀。在她们为自己的好运气而沾沾自喜的时候，在她们向身边的女友炫耀自己的幸福和品位的时候，她们没有看到，这种寄生式生活中已经潜伏着一场不可避免的危机。

也许有许多腰缠万贯的男人喜欢自己的臂弯里有一件摆设或一个芭比娃娃，并希望她们逐渐变得如同奴隶一样百依百顺。但是，这个男人并非上等猎物，而这个女人也不会有持久力。他很可能把一个孤立无助、"黯淡无光"的女人甩掉，再换一个靓丽的模特，因为在这场游戏开始的时候，他就只把她看作是玩具而已。优秀男人希望保留的是坚强的女人。他需要一个他尊重的伴侣，一个值得追求的女人。

尊严和骄傲，绝不能依靠别人来传递到你的手里。无论一个女人多么美丽，单是外表也无法留住他的尊重。外表可以吸引他靠近，但能够使他保持持久兴趣的，只有你的独立。

当男人不得不在经济上支撑一个女人时，会对这个女人产生怎样的感觉？用不了多久，他就会感觉她是一项额外的负担，而不是附加的资产。

你可以花男人的钱，但必须要让他知道：即使离开他，你一样可以生活得很好。因为你有随时可以转身去走自己的路的潇洒，他都会尊重你所有的权利。

一个女人不管处于社会的哪个阶层，能支撑自己生活的金钱都会成为她的身份证书。你身边的人会因此承认你的个性和权利，承认你有骄傲的资格。尊严不是哪个人能给你的，你在什么时候都无需看别人的脸色行事，这就是尊严。

在英国前首相布莱尔当选之前，他的妻子、大律师切丽就是布莱尔家庭的主要经济支柱。切丽的个人成就，一点也不比布莱尔逊色，她是撒切尔夫人首相竞选班子里的核心成员；她竞选过工党议席；她帮助过托尼·布莱尔竞选国会议员……

在唐宁街的10年里，切丽的律师薪金也远远超过首相的固定工资。而她的新书《道出真我》，更为切丽带来了200万美元的预付稿酬以及数字惊人的版税收入。

尽管在相对保守的英国，人们希望一位合格的首相夫人，是每天将自己打扮得体，站在首相身边。可这并不适用于切丽。作为大律师，她最常穿的衣服就是假发和黑袍。“衣服对于我的事业，并不是最重要的一件事。”她说。

法国总统携其模特出身、风韵过人的妻子来访，对于那种政治之外、女人与女人之间的交锋切丽并不放在心上，她表示：“那绝不会是一场公平的竞赛！我不认为自己长得丑，但我毕竟不是时装模特。”对于自己12年来在舆论中的所得所失，切丽更愿意将它们放在女性历史的大框架下进行观察。“这不仅仅是关于我，”她说，“对于所有女性来说，我们都正处在一个转型期。我外婆和母亲在14岁以后就不再读书了，而我自己，我相信是第一个拥有大学学历的首相夫人。"

现在，从首相夫人位置上退下来的切丽将自己重新定位为"为女性权利而战的十字军战士"，她创建了"切丽·布莱尔基金"，希望将世界各地各个行业中的精英女性集合在一起，将她们的智慧和经验通过互联网的平台传递给需要帮助的女性们。

有自己的事业，经济能力超强，代表着女性拥有了选择权与支配权，你的社会地位是自己创造的，这比口头上的尊严更为扎实。

虽然不是任何女性都可以和那些名女人一样成功和富有，那么也没关系，你的钱只要能照料自己和生活就可以了。

我们在小说或电影里常常会看到这样的故事，当做太太的掌握了公司的股份或参与了公司的管理时，她与先生除了夫妻关系之外，另有一种事业伙伴的关系。这种关系迫使男人在任何时候，都不会轻易拿自己的婚姻做赌注。更重要的是，真正有钱的女人不存在被"抛弃"的问题，情况再严重时，也不过是一对拍档的拆伙，女人不会因为婚姻关系消失而损失了一切社会价值。也就是说，她们感情的危机还不是人生的危机，只要能看得开，未来还在自己手里。

在现实的社会潮流中，青春美丽的女人与功成名就的男人的结合，被当成资源互补，已得到人们的默认或赞同。这里面的是是非非暂且不说，这里我们只想给女人们提个醒：即使你对你们感情的真实性毫无疑问，依然要学会保持自己的个性，保持你的独立和尊严。

小鸟依人的温柔是女人味，而一个女人在不断追逐梦想的道路上所表现出来的坚定、努力、自信和独当一面同样也是女人味，同样也可以使她魅力四射！

不会褪色的，是知性之美

作家林清玄在《生命的化妆》一文中说到女人化妆有三个层次，第一层是涂脂抹粉，表面上的功夫；第二层的化妆是改变体质，让一个人改变生活方式、保证睡眠充足、注意运动和营养，这样她的皮肤会得以改善、精神充足。第三层的化妆是改变气质，多读书、多欣赏艺术、多思考、对生活乐观、心地善良。因为独特的气质与修养才是女人永远美丽的根本所在。

女性的美丽出于天然，可爱乃是本性，只有气质绝非凭空得来。它可能要经过很多人事的辗转与历练才能最终沉淀，气质与一个人的内心世界有关，与经历亦有关。

腹有诗书气自华，用这句古话去验证气质型美女，准确性相当高。一定的文化涵养能使人较为从容自信，言谈举止也会更有分寸感。

20 世纪 30 年代林徽因在北京东城北总布胡同家中的“太太的客厅”里，结交了当时不少才华杰出的人才，不止是人文学科的学者，连许多自然科学家都对那里流连忘返。她收放自如，将女人特质随心所欲地发挥到极致。因为她身上既有人格的魅力，又有女性的吸引力，更有知性的影响力。

此前，林徽因风姿绰约，许多人都向她投来爱慕的眼光。从感情上来说，林徽因对徐志摩很欣赏。徐志摩的诗文像春天里的一缕清风给她带

来满怀的温柔。但是，林徽因虽然具有浪漫气质但也不乏理性。睿智的林徽因意识到徐志摩身上并没有成熟男人所具备的那种沉稳庄重，相反，他追求的是浪漫，向往的是浪漫，这与现实有很大的距离。于是，林徽因选择了与自己有共同爱好的梁思成，这就是知性女人的明智。尊重别人、爱惜自己，既温柔又洒脱，使人感到轻松和愉悦。

后来，当梁思成问林徽因为什么没有选择徐志摩而选择他时，聪明的林徽因巧妙地回答道："我想我要用一生来回答这个问题。"这句话没有那么态度鲜明，可却是一个绝妙的回答，让事实来回答，不就是最好的回答吗？这充分体现了林徽因作为知性女人的灵性与弹性的统一。灵性是心灵的理解力，天生慧质、善解人意，怎能不令人感到无穷的韵味与魅力呢？

有很多女人，即使经历了无数的事情，却始终猜不透人生的一些道理，比如爱情，比如梦想，所以常会在一个地方摔倒，容易迷失在命运的洪流当中。而聪明的知性女子，偶尔也会哭泣或者大笑，但是她们的心境是平和的，这让她们在任何时候都处乱不惊，有着坐看闲云的气度和风范。现代化都市的女子，总是很容易被各种物质所诱惑，然后以一种小资的姿态来宣扬着自己的品位、自己的脱俗、自己的与众不同。但是当深夜来临的时候，又陷入孤独落寞而无法自拔，她们的虚荣让她们失去了平心静气的勇气和能力。知性女子却可以心平气和地行走于物质当中，享受着物质，她们不会让自己的精神贫穷，即使是寂寞的，她们也知道如何去享受。面对各种纷争与复杂，她们可以淡然一笑，她们那份坦然与纯真让无数人望尘莫及。

在当今繁华的、充满了危机和诱惑的世界里，只有知性女人才可以

走好自己的路。如果你以为今天被人喜爱和崇拜的公主的形象，还是一头柔顺的长发，一双天使般的大眼睛，是该让好梦醒来的时候了。

1993年，约旦国王侯赛因的女儿、阿伊莎公主的晚宴上，平民女孩拉尼娅遇到了阿伊莎公主的哥哥阿卜杜拉王子。当时阿卜杜拉还在参军，正巧碰上周末放假，他就打算给妹妹一个惊喜，突然出现在晚宴上。在这个晚宴上，阿卜杜拉和拉尼娅一见钟情。王子显然对拉尼娅十分倾心，但她却保持了一定距离，她认为："想想看，他可是个王子呀。他喜欢谁，或许让人觉得受宠若惊。就因为他是王子，你也总难免觉得他可能是花花公子。"

拉尼娅的理智和平静，更让阿卜杜拉王子着迷，5个月的交往之后，两人决定成婚。1999年，侯赛因国王因癌症去世，阿卜杜拉王子成为国王，拉尼娅成为王后。

拉尼娅的际遇，像是一个传奇，但是她很快就适应了自己的角色，在国际舞台上露面时，获得了人们的一致赞誉，被称为"最美丽的王后"。

拉尼娅是美女，这一点毋庸置疑，同时拉尼娅又具备了一般的美女们不具备的内涵，而这才是她的根基。拉尼娅的父母是移居科威特的巴勒斯坦人。1970年出生的拉尼娅从小在私立学校读书，大学期间来到埃及，在开罗的美国大学取得了商业管理学位。1991年大学毕业，当时科威特动乱，一家人又被迫逃往约旦。一路颠簸，一家人最终在约旦首都安曼安家。在那里，拉尼娅先后在花旗银行、苹果公司工作。

拉尼娅学生时代的经历，让她对饱受无家可归和颠沛流离之苦的中东人产生了天然的同情，改善国民的生活质量成了她日后工作的一个重点。另一方面，在美国大学的学习和花旗银行的工作，让她接触到一些西方生活方式和思想观念。

知性女子是成熟的，理性的，智慧的，大气的。事业上，她们通常都有很好的发展，但又不同于世俗意义的女强人，她们充满知性的柔和魅力，上得厅堂，也下得厨房。

知性的女人，也不一定要读多少多少的书，拥有多高多高的学历，更重要的，是你要学会用自己的眼睛去看世界，用自己的心灵去感受世界。比如，你要看报纸，了解时事；你要浏览专业杂志以便更出色地工作；你要定期购买文化类、生活类的期刊，让自己紧跟时尚、解读潮流；你需要音乐的灵魂来安抚你的内心，你的耳朵也需要“阅读”；你要关心新上映的电影，不忘给自己视觉和听觉一点享受；你还要带着灵敏的触觉到网上冲浪，去捡拾那些晶莹的浪花，让自己永不枯竭……

魅力女人是充满书卷气息的，有一种渗透到日常生活中不经意的品位，有一种无需修饰的清丽、超然与内涵混合在一起，像水一样柔软，像风一样迷人。

让社会接纳你，你必须时刻保持清醒的头脑

不论是女性问题专家还是一些时尚杂志，都警告女人们在人面前不要太聪明，不要太有主意。是的，女人如果能力太强、锋芒太盛，会让男性

伴侣感到惭愧，这对于他的进取心和责任感都是一种打击。但是女人的柔弱，主要还是一种对待生活的态度，事实上，那些给男人带来了无限欣喜的女人，都是一些聪明绝顶的女性，她们懂得什么时候应当顺从，什么时候应当保持自我。

在电影《美国之旅》后，有这样一个情节：直到婚礼之前，王子才在圣殿上认识了他漂亮的未婚妻。王子把新娘带到后面的房间，问她："你喜欢什么？"她回答："凡是你喜欢的，我都喜欢。"接着，她的回答越来越恭顺。再下来，王子让她学狗叫，还要求她单脚跳着叫。就在她一一顺从的时候，他意识到，他不能让这个婚礼继续下去了。

在这个社会上生存，你需要自己的观点，相信自己的能力，你要让人们明白，你有力量承担任何一种由命运带来的生活契约。

前美国第一夫人杰奎琳·肯尼迪是20世纪最闪亮的女人之一。她独树一帜，强力地领导着美国时尚，为时尚界创立了许多记录：她第一个在官方场合佩戴珠宝首饰，第一个穿毛皮外衣，第一个穿超短裙……因为灿烂性格和喜爱出风头的习性，她成了美国的最佳象征。随肯尼迪访问法国的时候，她的风头远远盖过了丈夫，肯尼迪只好在她身后自我解嘲地说："我就是那个陪杰奎琳来巴黎的男人。"

但是如果只把杰奎琳看作是一个华丽的花瓶，那么你还没有了解这个女性关于责任和担当、勇气和智慧的另一面。

1963年11月22日清早，肯尼迪在达拉斯遇刺。突如其来的几声枪响之后，肯尼迪总统栽倒在杰奎琳面前。本能的惊恐和慌乱之后，杰奎琳清醒地意识到，接下来自己的每个举动、每个神情、每句言语，都将被载入史册。此时此刻，历史缺的不是一个悲痛欲绝的寡妇，而是一个勇敢无畏的精神领袖。

没有人告诉过她应该怎样扮演好一个痛失丈夫的国母，没有彩排，没有预演，甚至连反应的时间都不具备，命运就是如此残忍地砸给她这么一道世纪难题，而杰奎琳前半生的全部修养，都在这一刻，统统被派上了用场。一时之间，杰奎琳成为了美国的力量，勇气的象征，以及全体民众的精神慰藉。而这一切，也正是杰奎琳对自我的一种高度期许。

1964年秋，悲痛中的杰奎琳带着儿子小约翰从华盛顿搬至纽约居住并让儿子上学。尽管她名扬天下、腰缠万贯，但她不能容忍儿子约翰日后成为一个花花公子。对儿子的强化教育也是那个时候开始的。

当小约翰11岁时，杰奎琳把儿子送到了英国的德雷克岛“勇敢者营地”去受训，学习驾驶帆船、独木舟，爬山，锻炼他刚毅果断的独立人格。儿子13岁时，她又送他到缅因州的一个孤岛上去学习独立生活的技能，20天的训练中，不给食物，只给一加仑水、两盒火柴和一本在野外如何求生的书。约翰15岁时，杰奎琳再送儿子到肯尼亚的荒野里自求生存。当约翰中学放暑假时，她还把儿子送去参加“国家户外学校”的70天训练，同时，为了更进一步强化约翰独当一面的才能，她又送儿子参加和平队赴危地马拉从事地震救灾工作。

小约翰自幼羞怯、自卑、优柔寡断、依赖性强，正是在他母亲杰奎琳的锤炼独立人格的家教下，他才成为一个求索向上、理性节制的青年。

作为一个女性，怎样的风光璀璨都还是表象，但如果把骨子里的东西也丢了，就是那种棉花糖般的女人了——也甜美，也细腻，却毕竟没什么内容。真正高贵的女人，不仅仅拥有迷人的外形，她的为人、她的修养、她的观念，都要能通得过命运的考验。

拥有清醒的头脑和自主的能力，并不是让你嘶哑着嗓子说话，也不是让你做一个生硬或粗暴的女人。自主的女人对自己的人生和当前的环境有一种清醒的认识，她们更可以跟人坦诚相见，人们与她们打交道，比起与卿卿我我的，或是非常情绪化的女人来说，反倒更舒服些。自主的女人知道自己想要什么，也知道适时地表达出她的需要。

远离八卦和肥皂剧

很多女人心中常常有不满和不幸的意念。为了知道这个世界上还有比她更不幸的女人，她们专门找些不幸的“丑闻”和“婚姻纠纷”事件，用“比上不足、比下有余”的心理来安慰自己。也就是说，由探知得别人的不幸来反衬自己的幸福，以此平衡自己的“不满”。

张家的红杏出墙，李家的家庭暴力，赵家的财务纠纷，这样的消息在女人之间不胫而走，听的人，说的人，全都津津有味。

八卦是女人的天性，如果不注意自律，就会一发不可收拾，变成一个专门探听别人隐私的女人。而这样的女人是既缺乏修养而又无聊的，是自己把自己送到空虚、衰败的下坡路上。

除此之外，你还要注意自己的休闲生活是怎么度过的。许多女人下班后的生活其实相当乏味单调，往电视机或电脑前面一坐，时间哗哗地

大段地溜走。只要一看电视，你就什么也干不了。这是一种懒惰的惯性，坐在沙发上，哪怕节目十分无聊幼稚，你也会不停地换台，不停地搜寻勉强可以一看的节目，按下关闭键显得那么困难。很多的女人在工作以外都是这样的“沙发土豆”。黄金般的周末，多半也是在不愿意起床、懒得梳洗、不想出门中胡乱度过。同时，几乎所有人都在抱怨没有时间，真的有时间的时候又不知道该如何打发，只是习惯性地想到睡觉和“机械运动”——看电视、玩一款熟得不能再熟的电脑游戏。事后又觉得懊恼，心情愈加沉闷。

试想，一个女人虽具有美若天仙的容貌，但如果没有一点自己爱好的东西，也没什么目标和追求，没有自己的事情可做，那么，外表的美会变得非常脆弱，而她也没有什么魅力可言，任何有品位的男人都不会欣赏这样的女人。

有一女孩，20刚出头，天使的容貌，魔鬼的身材，见过她的男孩无不对她倾心。在众多追求者当中，女孩看上了一个优秀的男孩，并且答应做他的女朋友。然后在他们交往还不到半年的时候，男孩忽然提出分手。女孩向他询问分手的原因，他没有立即回答，只一味地沉默着。后来，在女孩的一再追问下，他说：“和你交往的这几个月以来，从来没有听你说过自己喜欢什么，对什么比较有兴趣，问你愿意到哪里玩，你都无所谓。但是后来我发现你对那些本来和自己无关的事情倒很有热情，你这么年轻，就变得像我们单位里阿姨级的女人似的，我真怕一辈子这样过下去。”

一个女性有什么样的生活态度，决定着她的品位，也决定着她会拥有一个什么样的未来。为了不让幸福从你眼前溜走，对自己的人生定位

越早越好。

美国前第一夫人、现任国务卿希拉里，曾经是耶鲁法学院里为数不多的几位女生之一。

从一开始，希拉里一如既往地把精力和热情放在学术上。第一年她几乎没跟男孩子约会过。尽管她的性格外向，但是对于一些完全属于娱乐性的聚会并没有兴趣。当同龄的女孩勾肩搭背、嚼着口香糖议论男孩的时候，希拉里满怀热情地投入校园的政治活动中去。这位穿着简朴，举止严肃的女生很快受到欢迎，成为校内一位讲效率的调停人，是持不同政见的学生与深感不安的校方之间的最佳沟通者。

1970 年，希拉里与同校的比尔·克林顿在法学院图书馆里首次相逢之后，这个朴素、用功、总是一脸严肃的年轻女人引起了这个高大、英俊、爱说笑的南方小伙子的注意。两个一起坠入爱河。

1971 年秋，希拉里成了克林顿宿舍的常客，对于他们既是情侣又是盟友的关系，大家都很清楚。他们之间越来越不只是一对情人，更像一对搭档，希拉里常帮他补习功课，在耶鲁的出庭律师联合会组织的法庭辩论赛中，他们俩是最难对付的一组。在她的约束下，他们准备得极为细致。朋友们回忆说，她整理案件材料，由散漫的克林顿去对付那些心怀敌意的证人们。在回忆这一时期的爱情时，克林顿曾经告诉一位记者："我看着她，告诉她，她看上去很有趣，有深度。"

希拉里的一位朋友认为："她视权力胜过魅力，她看到了克林顿内心世界的复杂性。我想正是这一点令克林顿难以拒绝。"在气质、思想和风格诸方面，他们似乎是那一代男女中的理想配偶。她传统的"男性气质"、活力和忍耐正好与他带有"女性气质"的温和、多情和敏感相匹配。希拉里的传记作者朱迪思·沃纳写道：“这是理智与直觉的结合。”

如果女人有自己的主见，有自己的目标，有自己的爱好，那么未来就在她的手中。我们的人生，其实就是一系列的选择，种什么样的花，结什么样的果。如果一位女性一直保持着一种低品位的兴趣，那么她就很难享受高品质的生活。

同情和善良使每一个女人都变成天使

女性有很多美好的品质，其中最值得珍视的就是同情与善良。同情与善良，是成全别人，同时也成就了自己。一个无懈可击的美丽女人，如果没有一颗同情与善良之心，她就永远得不到他人的亲近和喜爱；而即使是一个荡妇，如果她的心是慈悲的，那么这也足以使她蒙上一层圣洁的光辉，变成美丽的天使。

前阿根廷第一夫人埃娃·贝隆出身寒微。她十分了解人民的疾苦。

贝隆在1946年当选为阿根廷总统，就职当天，成千上万群众如潮水般涌在总统府门前。面对雷鸣般的欢呼，埃娃显得十分平静，她挽住丈夫的胳膊，轻轻地说：“我只是一个普通女人，一个协助贝隆拯救黎民的女人。我所能做的，就是将贝隆与人民拉近到心连心的距离。”这段告白更是引起了新一轮的欢呼，这时，埃娃只有27岁。

成为"第一夫人"后，埃娃的杰出才华如鱼得水，为社会救济、劳工待遇、教育水平的提高而四处奔走，亲自前往工厂、医院和孤儿院，用春天般温暖的笑容慰问底层人民。童年的穷苦经历影响着埃娃的政治方向，她骨子里就特别痛恨贫富悬殊，发誓改善底层人民的生活，成为"穷人的旗手"。埃娃深知女性在社会中遭受的种种不公，她一跃成为阿根廷女性的代言人，为女性的健康和权益贡献心力。她建立"第一夫人"基金会和穷人救助中心，专门在国家银行设立了一个特别的账号。有一次，埃娃拖着病体，在不到 48 个小时内，她发表了 7 次演说。医生们劝她要注意休息，她则骄傲地回答："我要为穷人燃烧自己的生命！"

阿根廷政坛本是男人拼杀的战场，由于"红颜"埃娃的加入，呈现出一种奇异炫目的别样光彩。埃娃的声望甚至超过了总统丈夫，百姓将她视为偶像，穷人将她视为救星。

在国外，埃娃的绝代风华令各国民众为之倾倒，她所到之处，所向披靡。欧洲媒体将埃娃出访称作"彩虹之旅"，赢得了欧洲的普遍称赞，埃娃也获得了很多新的头衔："贝隆手中的王牌"、"阿根廷玫瑰"、"苦难中的钻石"等等。

女性的仁爱之心，像冬天里的阳光一样珍贵。但是需要引起我们注意的是，同情和善良一定要是你的真情流露，如果为作秀而作秀，它们的感染力就差得多了。

面对他人的不幸遭遇，我们自然可以表现出同情的态度，对其进行泛泛的安慰。但是这些话，正在悲伤之中的人能否听得进去，还是个问题。据心理学家分析，"我同情你"、"我理解你的感受" 等不痛不痒的话语，很容易激起听者心中的酸楚和愤怒，他们会想："你不是我，怎么能知

道我的感觉呢？”在这种情况下，世界对他们来说依然是封闭的，感受不到其中的温暖。所以说将心比心是非常重要的，也就是说，我们要站在接受关怀的人的角度去看问题。

英国一个著名的芭蕾舞童星埃利，只有12岁就不幸由于骨癌准备截肢。手术前，埃利的亲朋好友，包括她的观众都闻讯赶来探望。有人说：“别难过，没准儿奇迹会出现，还有机会慢慢站起来呢。”有人说：“你是个坚强的孩子，一定要挺住，我们都在为你祈祷！”埃利一言不发，默默地向所有人微笑致谢。

她很想见到戴安娜王妃，她优美的舞姿曾得到戴妃的赞美，戴妃夸她像“一只洁白的小天鹅”。

戴安娜王妃终于在百忙中赶来了。她把埃利搂进怀里说：“好孩子，我知道你一定很伤心，痛痛快快地哭吧，哭够了再说。”埃利一下子泪如泉涌。自从得了病，什么安慰的话都有人说了，就是没有人说过这样的话，埃利觉得最能体贴理解她的就是这样的话！

戴安娜虽出身富家，却没受过什么高等教育，她经常说自己笨得像牛，智商不高。但这个故事让我们相信她的情商一定很高，这种独有的天赋让她的形象在人们心中永远那么慈善温柔，颇具亲和力，无人能够替代。

当我们面对他人的悲伤投入了真实的感情时，离仁慈的境界已经不远。

人都有悲伤的权利，也有快乐的权利，作为旁观者，我们不能替代他，那么唯一能做的，就是同情他的悲喜、尊重他的悲喜。范围再大一些，每朵花都有开放的权利，每一株草都有生长的权利，每一只鸟都有飞翔的权利，每一条鱼都有游泳的权利，仁者悲天悯人，旁及万事万物。以这

种心情看世界，则天空地广，不会再陷入自身的小问题、小情绪里而纠缠不清。

不被“格调”所误，选择适于自己的生活风格

为了追求“高雅”，许多有钱有闲的现代女性，像鸭子入水一般，噼噼啪啪地跌入一个被称为“格调”的不见底的深潭。

“格调”是什么？当代法国思想界的先锋人物、著名文学理论家和评论家罗兰·巴特说：“有点钱，不要太多；有点权力，也不要太多；但要有大量的闲暇。读书，写作，和朋友们交往，喝酒（当然是葡萄酒），听音乐，旅行等等。”理想中的格调生活，可以一条条罗列出来，正走在“格调”的路上的人听了，怎能不亦步亦趋，跟着大师的脚印走呢？

于是，许多女性为了使自己保持“上流淑女”的风范，可以穿自己不喜欢的衣裳，吃自己不喜欢的大菜，看自己不喜欢的书，听自己不喜欢的音乐，去自己不喜欢去的地方。文学、音乐、品位、礼仪等等，固然可以帮助我们提升生活的品质，可如果沉溺其中，反而会成为一种负累，使我们享受不到原汁原味的生活。女人最不可原谅的缺点就是枯燥乏味。从未接受过文明滋养的女人固然缺乏光彩，而按一种统一的模式培养出来的淑女，同样让人提不起精神。

比如说，很多人都说没有音乐的生活是难以想像的，有格调的女人应该爱交响乐，还应该喜欢一些浪漫的小夜曲和一些轻松的协奏曲。

其实，如果你真心爱音乐，那么你是幸福的，尽管享受属于你的感动与喜悦。如果你实在受不了音乐会的拘谨也无妨。一代才女张爱玲有一篇文章叫《谈音乐》，可以帮助正追求“格调”的女人们开开窍。她说：

然而交响乐，因为编起来太复杂，作曲者必须经过艰苦的训练，以后往往就沉溺于训练之中，不能自拔。所以交响乐常有这个毛病：格律的成分过多。为什么隔一阵子就要来这么一套？乐队突然紧张起来，埋头咬牙，进入决战阶段，一鼓作气，再鼓三鼓，立志要把全场听众肃清铲除消灭。而观众只是顽强抵抗着，都是上等人，有高级的音乐修养，在无数的音乐会里坐过的。根据以往的经验，他们知道这音乐会是会完的。

我是中国人，喜欢喧哗吵闹，中国的锣鼓是不问情由，劈头劈脑打了下来的，再吵些我也能够忍受，但是交响乐的攻势是慢慢来的，需要不少的时间大喇叭小喇叭钢琴凡哑林一一安排布置四下里埋伏起来，此起彼应，这样有计划的阴谋我害怕。

张爱玲是出身名门望族，又曾在国外留学的才女，如此的身世学识却没有八股气，她只喜欢人间的、世俗的美，深知平凡生命的乐趣。所以“高雅的女人爱音乐”的大帽子压不倒谁，你喜欢什么，不喜欢什么，尽可以按自己的兴趣去选择。

事实上，越是那些对生活的本质和自己的位置还没有一种清晰的认识的小女子，越容易被“格调”所误，为了某一种“讲究”而劳心费力。真正的大家风范，其实就是先做好你自己。

俄罗斯前第一夫人柳德米拉一直保持着低调生活。她没有自己的形

象设计师，这在其他国家是不可想象的。哪个国家的第一夫人没有自己的一个班子作为形象顾问？但柳德米拉就没有。她总是凭直觉来选择服饰，而不是通过咨询时装顾问来捕捉时尚。她所有的衣服都是在俄罗斯订制的，有时她也购买成衣。

柳德米拉偏爱颜色亮丽、风格鲜明的服装。她说："每当触摸到一段衣料，我脑海中就会思考这样的问题：用它做什么式样的衣服比较适合？从领口到腰身，一切构思都在瞬间成熟。至于它是否与时下的流行相抵触，我一般不大理会。"

柳德米拉获取外界信息的主要途径是上网和看电视。她喜欢戏剧，但很少去剧院。她认为，现实生活同样充满戏剧性，蓄积着多种情感。

和丈夫普京一样，柳德米拉也喜欢音乐。她认为，音乐是生活的重要点缀。和总统不一样的是，她更喜欢俄罗斯流行音乐和歌手。老友聚会时，情之所至，她偶尔也会高歌一曲。她对音乐的喜好无章可循，只要旋律动听，就会饶有兴致地听下去，尤其是对一些经典的浪漫曲百听不厌。

高雅和低俗，主要在于一个人的心胸品格，而不在于任何一种姿态或者形式。

有一天在电视上看人指导大众欣赏书画，先从渊源流派讲起，再及设色用光，他说："你要一点一滴积累，全神贯注，逐渐提高自己的鉴赏力。"

全神贯注四字让人失笑，真有必要那么累吗？

自古有"文字殿堂"与"艺术殿堂"之说，殿堂的宏伟庄严，阻挡了多少女人的脚步？没有什么东西是神圣不可侵犯的，也没有什么"格调"是必须刻意培养的。

只有以内心的喜悦真切感受了，文化的韵味才可以浸润在女人的气质里。否则，我们只管读些香艳的软性文字，收集些灵性的美丽的图片，听听最新的流行音乐，做个不背负“格调”包袱的快乐女人。

任何情况下，都保持应有的节奏

我们说品位不是一种姿态而是一种实力，主要是因为对于任何一个女性的一生来说，总有许多沟沟坎坎要过，这时候，她的选择，她所为之付出的努力，将决定她所能达到的高度。

这个世界有太多的诱惑，因此有太多的欲望满足不了的痛苦。一个人要以清醒的心智和从容的步履走过岁月，他的精神中必定不能缺少淡泊，否则，他不是活得太忧郁，就是活得太无聊。看淡，不是不求进取，不是无所作为，不是没有追求，而是以一颗安定的心对待生活和人生，正所谓“淡泊名利，宁静致远，不以物喜，不以己悲”。

2003 年，《财富》中文版评选“中国最受赞赏的外商投资企业”，安利荣居第 37 位。然而，大家可能不知道，担任安利亚太区执行副总裁和安利大中华区行政总裁的是一位女性，那就是郑李锦芬。郑李锦芬与安利的合作是一部成功的历史，她从 25 岁始，二十几年间，在一个女人的黄金岁月里使安利席卷中国。

安利的员工喜欢亲切地称郑李锦芬为“郑太”。这不仅是出于对这位永远那么优雅端庄的女老板的由衷敬慕，更有对她“处世不乱、处变不惊”气度的深深折服。

没有那种寻常女性管理者因掌控一方而显露出的“咄咄逼人”，郑李锦芬给人的感觉总是那样神定气闲。她表示：“有时候很离谱好像不可能会发生的事情，你可以用一种幽默感来看待它，不要那么容易动火，而应该以一种很平和的态度。如果我能保证80%的时间里心情都是平和的，那么遇到什么冲击，它们都只是我心海中的波浪而已，而不是我整天在波涛中生活。我挺自豪的一点就是自己临危不乱的能力。处理那么大的一个企业，中国又是那么大的一个市场，变数又有那么多，心里早就应该预备有什么突发的事情。临危不乱、处变不惊，这是一个领导人必须具备的品质。”

当一个的内心足够强大，充分认识到自己人生的目标和责任时，他就可以平淡地看待外界的名利荣辱，才能随遇而安，适可而止，知足常乐。不为虚名所累，就是一切以人为本，该怎么做就怎么做，该追求自己的人生目标，就不要被眼前的花环、桂冠或者是某一种危机、障碍耽误了行程，你应该毫不犹豫地抛开这一切身外之物，走自己的路，干自己的事，不因小的考验妨碍自己的大成功，这样，才能使你获得真正的荣誉。

女性要步入主流社会，不仅要具备良好的素质和高度的责任感，在言行姿态上，也要有大将之风，无论面前是电闪雷鸣，还是和风细雨，都可以不动声色地消化了，才是担当大事的风格。

前英国首相撒切尔夫人，当她走入公众的视线之后，人们几乎从未看到过她穿休闲服。在一次对美国的非正式访问中，罗纳德·里根用直升

机接她去戴维营。当美国总统非常随意地穿着毛衣和休闲裤出现时，英国的女首相踩着高跟鞋，穿着套装，头顶纹丝不乱的发型，背着鳄鱼皮包走过草坪。她永远是女首相，而不仅仅是撒切尔夫人。即使在她和丈夫差点成为爱尔兰共和军袭击的受害者时，她依然大局在握。

1984年，保守党在布莱顿举行党代会的前夜，爱尔兰共和军在内阁成员和代表们入住的酒店里、撒切尔夫妇套房的楼上引爆了一颗炸弹。已穿上睡衣的丹尼斯·撒切尔正在浴室，他的妻子、英国首相则在埋头修改第二天的讲话稿。炸弹将房间变成一片废墟，幸好两人毫发未损，玛格丽特·撒切尔甚至在两人向外逃生之前还穿上了西服外套。爆炸将豪华酒店的外墙面撕开了一个大洞，炸死、炸伤以及被倒塌的楼板压死压伤的人为数不少。保守党员党员们满身灰尘，惊吓之余四处乱窜，一片混乱，玛格丽特·撒切尔最亲密的助手诺尔曼·台比特也受了重伤，被急救车送往医院。但女首相镇定自若，在视察当地警察局后她被记者们团团围住。思索片刻之后，她用铿锵有力的声音宣布："党代会仍将举行！你们听清楚了吗？党代会仍将如期举行！"在布莱顿的反应清楚地表明，玛格丽特·撒切尔的控制力和自我约束力已经完全成为她的第二天性。

当灾变突然降临的时候，惊慌乃是人们本能的反应。那些出类拔萃的女人，和普通女子不同的是，她们站得高，看得远，以大局为重，可以迅速调整自己的状态，在最坏的情形中，寻找最好的对策。

如果你仔细观察就会发现，那些大人物做事几乎都有一个共同的特点，那就是善于控制自己的情绪，使自己的心机不被窥破，时刻保持一种稳如磐石的状态。不让人轻易看透自己，这样人们就会对他充满期待。

保持自己节奏，以不变应万变，是一种笑看人生风云变幻的洒脱，同

时也是一种遇事镇静沉着的稳健和气度。古往今来，能成大业的人，有时干出轰轰烈烈的壮举，有时也可能一败涂地，不管是顺境还是逆境，他们往往心态平和，泰然处之。得意时不张狂，失意时不失态，这是一种智慧，更是一种境界。

身为女性而上升到独当一面的位置上，更应当注意突破天性中遇事惊慌软弱的劣势，担负起自己的责任。

第三章

跟第一夫人学心气：

让你的所作所为都为一个共同的大目标服务

“这个地方太闷了，连鸟儿都要离开，带我去首都，相信我，我会成为阿根廷首都的大人物。”

——前阿根廷第一夫人埃娃·贝隆

以前辈女性做榜样，永不向命运低头

我们都知道安逸享乐会使人精神萎靡，失去进取的勇气，却不知日复一日的艰辛生活同样也会消磨人的灵性，使你对自己的现实状态和未来的方向都缺乏必要的认识。

有很多年轻的女人，即使对自己目前的境况不甚满意，也希望拥有更适合她的终生事业，却从来没有考虑过自己应该向何处走，也不知道应当如何对自己进行定位。假如让她必须做出一番决定，她也茫然不知所措。

世间许多的沉沦，都是由对客观境遇妥协所造成的，都是由不愿努力、不肯奋斗所造成的。你坚定意志，要在世界上显出你的真面目，要一往无前地朝着“成功”、“富有”之路迈进，而世界上没有一件东西，可以推翻你的这种决心时，你会发现，从这自尊心与自信心中，你可以获得无穷的力量。

"时装女王"夏奈尔的童年十分不幸。她出生于法国一个贫困的家庭，夏奈尔12岁时，母亲因病去世，追求享乐的父亲把她丢给一家修女主办的孤儿院后就离家出走了。

青年时期的夏奈尔，为了摆脱人生的境遇和贫穷的生活，她勇于直面现实，坚强地面对生活的挑战，从事着她热爱的服装事业，每晚睡觉前，她总是把心爱的剪刀放在床头柜上。

1910年，夏奈尔遇到了她生命中最重要的男人鲍伊，他关心夏奈尔并培养了她的个性。在他的资助下，夏奈尔开设了"女帽"店，她不平凡的一生也是从这时开始的。由于她设计的女帽简洁、大方、雅致，受到了女性的青睐，她的生意很快就火了起来。一年后，夏奈尔设计的女帽上了《时装杂志》。夏奈尔的名声在巴黎兴起，她走入了巴黎的上流社会。

就在夏奈尔的人生刚刚有了起色时，不幸再一次降临到她身上，她的恩人鲍伊突然死于车祸。对于一个年轻女孩来说，没有了爱人，没有了精神支柱，这该是人生多么大的不幸啊！但是夏奈尔忍着巨大的伤悲，勇敢地站起来。她发誓，要凭借自己的智慧，来创造人生的辉煌。

1913年，夏奈尔在法国上流社会的度假胜地杜维尔，开设了一家时装店，并推出了造型简单、款式合体、舒适又飘逸的针织羊毛运动衫。此款运动衫一出，立刻在服装界引起轰动。不久，眼光长远的夏奈尔把时装店扩大成服装公司，开始大批地生产她设计的服装。几年后，夏奈尔终于登上了时装界的制高点，由她设计的时装深深地迷住了那个时代的人们。

夏奈尔以女性的智慧，改变了自己的命运。正如她自己所说："我从不为处境而烦忧，我就乐意驱散它们。"

人类有几种坚强的品质，都是与"贫穷"、"困境"势不两立、水火不容

的。自恃与自立,是坚强品格的基石。我们常能发现,在那些虽然贫穷、虽然不幸,但仍然努力奋斗的人中间,这些品格都能出现。但是一个因失掉了勇气、失掉了自信,或因懒得去努力奋斗而贫穷的人,却没有这种坚强的品格。同那些在不断地努力中锻炼了精神、道德的人相比较,这种人只是弱者。

美国前总统克林顿的母亲维珍尼亚·凯瑟迪·克林顿,不是天生的贵妇,而是一个不断地用自己的双手开创生活的生命力强韧的女人。

1946 年 5 月 18 日的清晨,还不到 23 岁的维珍尼亚怀着六个月的身孕,接到了丈夫的死讯。那是在回家的路上,车的前轮突然爆胎,比尔·布莱瑟,这位 28 岁的年轻退伍军人淹死在一条泥沟里。3 个月后,也就是 1946 年 8 月 16 日,在阿肯色州休普镇,维珍尼亚生下了比尔·克林顿。维珍尼亚是个对自身的价值和魅力能作出准确自我估量的世俗的女人。在克林顿出生的时候,她已是一位注册护士了,为了儿子和自己的将来,她又去新奥尔良进修,很快赢得了一系列麻醉师的业务合同。工作的时候因为随时会有人来请,她养成了不卸妆睡觉的习惯,她总是穿着浆得雪白的挺括的护士制服,脚上穿的不是护士鞋,而是亮闪闪的皮便鞋,连精心修剪的手指甲都光洁异常。她爱交际,如果一场舞会正在进行,维珍尼亚一定会活跃在舞场的中心。她结过 4 次婚:第一位丈夫在车祸中丧生后,她找了个虐待老婆孩子的酒鬼、赌棍;第三个丈夫是理发师,是个有绅士风度的人,但因股票诈骗而入狱;她的第四位丈夫是唯一可靠的人,他成了维珍尼亚的好伴侣。

维珍尼亚的活力与心气,使她永远不会在命运的打击中倒下去,她总能给自己找到生活的目标和快乐。

最足以损害女人的能力，破坏女人前途的，无过于以不幸的环境为理由，而不想去挣脱它。因为自己不能像成功的人一样地生活，不能享受成功的人所得的幸福，所以处于困境中的女人往往心灰意冷、不想奋斗。女人的生活是好还是坏，全因自己的思维方式而定，这是一条不变的法则。你认为成功的可能性大，则大；你认为成功的可能性小，则小。艰辛的生活不是哪个人永远的重负，我们应该只把它当成一种过程，时刻都准备着从艰难之中穿越出去，享受战胜了自己的喜悦。

无论遭受了多少苦难和挫折，女人都不能丢掉前进的勇气。越是在困境中的女人，越应当努力完成对自己人生的长远的设计和规划。否则，等到你在苦难中麻木，一天天适应了苦难，并习惯了在困苦之中打打小算盘，省一点小钱，享受一点感官上的小快乐的时候，今生就彻底失去了自救的能力。

把自己当作贵族，没有什么是你不配享用的

对于那些要风得风、要雨得雨的女人，我们容易看到她们在聚光灯下的辉煌而忽略她们奋斗的历程。灰心和抱怨，会使我们犯短视的错误，忘记了自己还可以走得更远，获得更多美好的东西。财富、地位、成功和快乐不是只为某些人准备的，人与人之间也没有不可逾越的距离。

许多平凡的女子会被那些名女人身上的光环闪晕了，即使能在一些公共场合或者商务酒会中见到她们，也都是远远地仰视。成功的女人们一个个威严尊贵，谈吐不凡，使后来者感受到一种深刻的震撼。会以为自己与她们的差别判若云泥，永远也达不到她们那种高度。不超越这种畏惧心理，你就无法踏上向上的台阶。

也许有很多独立的职业女性对这种说法并不认可，但这不表明她们心底里就没有关于命运的局限。比如有一个贫苦的农妇，对于城市大商场里那些叫得上名字和叫不上名字的日用品，表示“那些东西，不是我这样一个苦命的女人可以享用的”。城市的女性就会想：“那是很普通的东西啊，做一份平常的工作，拿不多的一份薪水，就完全可以消费得起。”那么，再想一下，那些更高的职位，更多的薪水，更大的房子，更漂亮的衣饰，又是为谁准备的呢？你是不是认为自己能力的发挥已经到了尽头，世上许多的好东西都与自己无缘呢？

当一个人处于贫弱之中的时候，改变才是出路，为了进步得更快，改变得更彻底，我们首先应该相信贫富贵贱本无种，命运是由自己创造的。

1960年11月27日，尤莉娅·季莫申科出生在乌克兰第聂伯罗彼得州罗夫斯克市。她很小的时候，父母离异，父亲离开了家，所有的家庭重担全都落在母亲一个人的身上。尤莉娅此后一直由母亲柳德米拉·尼古拉耶芙娜·捷列金娜抚养教育。她们母女二人相依为命，由于母亲的收入十分微薄，她们长年累月挣扎在贫困线上，这使季莫申科比同龄孩子要早熟，她很早就明白“自己的命运要由自己决定”的道理。

尤莉娅从小就十分争强好胜，她常挂在嘴边的一句话就是：“我不比任何人差！”和一般女孩子不同的是，尤莉娅从不喜欢摆弄洋娃娃，也不

喜欢和女孩子们玩，她只喜欢和男孩子们玩游戏，尤其喜欢踢足球，而且是打前锋，她还能时不时地来一个漂亮的射门，动作酷极了！

由于从小就与一帮小子在一起，尤莉娅的个性里也有点儿男孩的气质。她后来回忆说："我很小就有一种想当领袖的欲望。虽然我是个典型的女孩，性格中并不具有男性的特点，但我总能与他们和睦相处……事实上，在学校里，我指挥过所有的男孩。"第聂伯罗彼得罗夫斯克第75中学的乌克兰语老师塔米拉·谢缅罗芙娜曾用"鲁莽放肆，大胆泼辣"来形容中学时代的尤莉娅。不过，这个"假小子"虽然在课外淘气，但在学校里却是个好学生。她的学习成绩一直不错，还当上了共青团小组的组长。尤莉娅非常聪明能干，经常负责组织晚会，还能自己编写剧本。

尤莉娅·季莫申科当选为乌克兰总理，在政治、经济舞台上大放异彩时，曾经对《俄罗斯星火报》的记者说，正是童年的生活经历，使她很早就明白命运掌握在自己的手里。她说："我很早就懂得，应该对自己的生活负责，创造自己的精彩人生。"

在今天这个自由开放的时代，我们每个人的身份也是开放的，世袭的贵族隐退，你完全可以通过不屈不挠地奋斗，树立起自己的尊贵来。

"奋斗"两个字，容易给人一种艰辛的、枯燥的感觉，可事实上并非如此。为心中的梦想而奋斗的人，热情充沛，每一天都过得无比幸福和踏实；反倒是那些不思进取、得过且过的人，常常会陷入空虚与懊恼之中。

现任美国第一夫人米歇尔·奥巴马的娘家姓叫罗宾森，她是非洲黑奴的后裔。

1964年1月17日，米歇尔出生于芝加哥南部的贫民区，家里只有一间卧室——其实只是将客厅一隔两半，她和哥哥睡在阁楼上。她父亲患

有多发性硬性症，在芝加哥市政水厂上班，他已于1990年去世，她母亲至今仍居住在那间老房子中。

尽管父母因种族问题受过不公，但他们却教育子女要积极乐观。“我父母反复对我们说，‘别告诉我们你不能做什么，也不要去担心什么事可能不如人意’。”米歇尔回忆说。

1981年，米歇尔考上了普林斯顿大学，主修社会学专业，兼修非洲裔美国人历史。4年后，她以优异的成绩毕业，接着上了哈佛法学院，1988年获得法学博士学位，比未来的丈夫兼校友早了一年。

毕业后，米歇尔受聘于芝加哥市区的西德利·奥斯汀法律事务所。她的命运，从此揭开了崭新的一页。

女性生来性格柔弱，对抗意识不足，即使你一直都生活在平淡之中，也请不要放弃自己的梦想。当你要专心致志地集中你的思想时，不妨把你的眼光望向一年、三年、五年甚至十年后，假想你在自己的专业领域里举足轻重，假想最优秀的男人是你的伴侣，假想豪华舒适的房子和车子……专注于这些想像，你就可以把自己的每一天看作一个逐渐接近目标的过程，你会获得让自己变得与众不同的力量。

一步一个台阶，打破既定等级

我们已经知道，人的出身并不是最重要的，一个人只要有远大的目标和突出的才干，就会获得社会的认可，找到适于自己的舞台。

这种乌鸦变凤凰的改变，也是世上许多女人的梦想。但是一个坐在灶台前的灰姑娘，转瞬就穿着金色的礼服和水晶鞋子站在王子面前的故事只能是童话。在现实中，这种改变不是不可能，只是中间还有一道长长的台阶要走。

美国前国务卿赖斯，在传统上由男性主宰的领域里，她是一位升迁到最高层的黑人女性。

作为深得布什总统信任的幕僚，赖斯是有史以来美国政府里最有影响力的女性，可能也是世界上最著名的黑人女性之一。她有着不平凡的人生经历，做过学者、教授、教务长和外交政策顾问。她走过亚拉巴马州的伯明翰、科罗拉多州的丹佛、加利福尼亚州的帕罗·阿尔托，最后在47岁时进入白宫。

赖斯16岁进入丹佛大学音乐学院学习钢琴，梦想成为职业钢琴家，但最终因为发觉自己天分不足而放弃了这一梦想。

一次偶然的机会，赖斯参加了约瑟夫·科贝尔教授的讨论课。在课堂

上,这位捷克外交家讲述了一段关于苏联和斯大林统治的历史。科贝尔教授是前中欧国家的外交官、前国务卿玛德琳·奥尔布赖特的父亲。他激发了赖斯研究前苏联问题的热情。赖斯后来回忆说:“这一课程拨动了我的心弦,我突然有一种奇妙的感觉。这堂课让我有一种想要知道更多关于前苏联政治的冲动,就像一见钟情一样……我无法解释,但它的确吸引着我。”

这是赖斯生命中新的转折点,约瑟夫·科贝尔和他的国际关系课,就像一块磁石一样牢牢地吸住了她。这位身兼学业上的导师和“明智的父亲”双重身份的人,像伯乐一样,发现了赖斯这匹难得的千里马,他对赖斯的思考能力、演讲才能和分析能力有很深的印象。他认为赖斯的才能对于任何人来说都是不可多得的财富。科贝尔倾其所能地指导赖斯,将她引向国际关系和前苏联政治的领域。此时的赖斯对俄罗斯文化的一切,包括文学、艺术、音乐都十分感兴趣。已经掌握法语、西班牙语、德语的赖斯,开始迫不及待地学习俄语。

也许是命运注定赖斯的一生要与政治结缘,与政治相伴。她19岁获得政治学学士学位,后又获圣母大学政治学硕士学位及丹佛大学国际研究生院政治学博士学位。此后赖斯成为斯坦福大学的助教,专攻前苏联的军事事务,这为她日后成为美国政坛最耀眼的女性铺平了道路。

一个女人出身在什么样的家庭里,以一个什么样的形象面对这个世界,这一切,都是上帝送给她的最初的身份。人生的定位,包含许多我们无法掌控的因素,而你的最终命运如何,则要靠你后天的努力。有一个很有趣的小实验,生动而准确地表明了命运和个人奋斗之间的关系。

在一个夏令营里,组织者给了全体营员一个新奇的概念:三餐吃饭

要分成三个等级，上等人只有很少数，中等人占全体营员的三分之一，其余多数人是下等人。上等人吃饭是在豪华漂亮的餐厅，那里有高档的设施和美味的菜肴，用刀叉吃西餐。在那里用餐的人都不由自主地显得彬彬有礼，男生像绅士，女生像淑女，言谈举止无不透出良好的修养和不俗的品位。中等人呢，却要拿着托盘自己排队去打饭，属于快餐性质。没有汤喝，只能喝瓶装水，更不要说饭后甜品了。饭后还需要他们清洗自己的托盘餐具。下等人就更惨了点，大家开始吃饭的时候，他们中的一部分要先侍候上等人，另一部分在餐厅里当服务员，随时把脏了的桌椅抹干净，以保持餐厅的卫生。还有一部分人是给就餐者表演节目，上等人点了什么歌他们就得唱什么歌。

那么三等人是怎样产生的呢？营会组织者先把全体营员分成了9个小组，第一天每个小组选派一个代表抽签。笔筒中有一根上等签，两根中等签，其余全是下等签。抽到上等签和中等签的小组，第一天就自然成了上等人和中等人。但是以后就要凭借每个小组当天的表现来决定第二天的身份待遇了。每天晚上大家都要开大会讨论决定第二天的三类人。想当上等人的小组必须拿出当天他们的成绩和表现作为有力的证据，说明自己配得上当上等人。

营会指导员解释说：第一天凭抽签决定，这意味着每个人的出身都是由不得自己的。但是第一身份远远不是你的终生身份，以后的路还很长，就靠你自己走了。你得凭你自己的能力打天下，改变或者优化你的身份。这时你的社会地位、你的角色改变就是自己基本能够把握的事情了。

一穷二白之中，我们依然可以在这个世界上确立起自己的身份来。首先，你要保持自己的梦想，坚定自己做“上等人”的信念；然后，你要发

挥自身的优势，努力从各方面充实自己，一步一步逐渐接近自己的目标。能做到这两点，改变命运就不是一句空话。

没有经验不要紧，热情可以弥补你的不足

做女人一定要有热情，这也是做女人的一个法宝。没有热情的女人一无所有，更别提什么出众的品位和让人羡慕的成功。热情的女人最懂得生活情趣，感情充沛，她们通常纯真大胆，喜欢迎接挑战，尽情探索人生。

热情是发自内心的兴奋，并扩充到整个身体，从一定程度上来说，热情控制着你的思维和情感。在英文中，热情是由两个希腊词根“内”和“神”组成的，“热情”就是内心深处的神。热情能唤起人内心深处神奇的力量，让人散发出一种炽热、神性的光辉，那就是吸引人和感染人的魅力。

一代性感女神梦露，先天条件并不是十全十美。她的身高只有1.61米，体型有些胖，腿也有些短，只有胸部比较丰满。但是梦露有着点金术般的秘密武器，能让自己的气质自发地表现出来，这就是热情的力量。

在一次盛大集会之前，梦露对法籍设计师让·路易斯说：“我要你设计一件具有历史意义的服装。要引人注目，别出心裁，把服装设计成只有梦露才敢穿的独一无二的衣服！”第一次量体裁衣时，她赤身裸体，仅穿

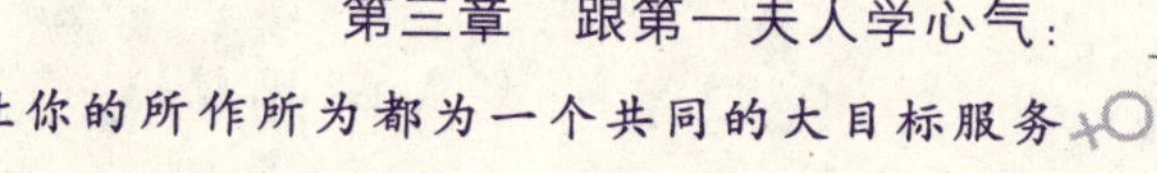

一双带珠饰的拖鞋，尽管空气中还有一丝凉意，但她一站就是四个小时。

在研究了梦露的数千张电影剧照之后，路易斯有了一个大胆的构思："梦露敢于大胆展示自己的身体，妩媚而不失优雅，别具风韵。因此我设计了一条近裸的裙子，只用一些金属饰品和珠线稍加掩饰。"梦露十分高兴。在对两个方案进行斟酌之后，梦露选择了后开口拖地长裙的款式。为了达到预期效果，6000余颗珠饰完全是手工缝到衣服上的。

在麦迪逊广场花园舞台上，梦露一出场就迎来一片赞叹和喝彩。她将白色貂皮披肩裹紧身子，盖住里面的衣服，停了片刻，等到喊声平静下去，她抖了一下肩膀，让披肩从后面滑落下去，口哨声和尖叫声顿时随之而起。

梦露用沙哑的嗓子开始唱歌。舞台效果出奇得好，真是美妙绝伦，尖叫声和叫喊声响彻大厅。唱到最后一段时，她将手指做成环形扣在自己右胸口，极其性感。观众也好像集体走火入魔，此起彼伏地为她喝彩。

梦露身上洋溢着一种活力，给人一种神奇的魅力，她那愉快的表情和朗朗的笑声极富感染力。当人们被一个女人的自信和热情所感召的时候，即使她在形体还存在着这样或者那样的缺陷，在那已经着迷的人眼里，这反而是一种独一无二迷人的特征。

女性的热情，不仅仅在于提升她的性感魅力，即使在一些严肃场合、专业领域，热情依然具有它无可替代的震撼力。

菲律宾总统阿罗约刚刚在政治上崭露头角的时候，其直率的性格为她带来了意想不到的麻烦和阻力，不少政客对她的评价也是为人太直、不懂含蓄。在议会中，阿罗约因为经常与人争论，曾得了一个"直嗓子"的绰号。对此，阿罗约说："让我干一件毫无准备的事情，如果时间太紧，我

确实容易急躁。我的父亲曾经说，要做真正的政治家，这是个必须克服的障碍。不过我发现改变性格并不容易。人总会变，我也在不断调整自己。但是，看到有些人做得太过，我仍然看不过去。我天生性情直率。”

在做议员的时候，一次议会审议通过一项关于向农产品征收高额出口税的议案，阿罗约与一位为某大财团代言的议员发生了激烈的冲突。情绪激动的她居然拍着桌子怒斥这位比她年长的议员：“你难道是吃钢铁长大的吗？”小女人的发威震惊了整个议会。尽管事后有人批评她的行为与其议员的身份不相符，但她时时刻刻关注底层民众利益的直率和果敢却赢得了国人的尊重。

热情就是能产生这样一种神奇的力量，只要你拥有它，即使你有一些不足，别人也会原谅，因为“有热情一切都会有”。你一定要有热情，否则，再有才华也会一事无成。

热情的人会很自然地把他内心的感情表现出来，一个充满热情的人，他的志向、兴趣、为人和性情都能从他的走姿、眼神和活力中看出来。你的热情表示出你对这次见面、这次交谈、这次活动和这个人发自内心的喜欢。与此同时，把热情传递给你身边的人，他们也会因此觉得和你在一起很快乐。缺乏热情的人，他们的谈话生硬而没有趣味，做起事来拖沓，没有规划，让人看不到希望。

热情并非与生俱来，而是后天的特质。你在别人身上付出的热情越多，你得到的人心也就越多，因为你在付出热情的同时也就影响了别人的灵魂。

现实生活中的有些女人，不能为自己的愿望倾注较大的热情。更多的女人，只有三分钟的热情，干什么事情开始信心很大，热情很高，但很快就

会缺乏热情。热情是来也匆匆，去也匆匆。这是她们不能成功的主要原因之一。

尽早开始提高交朋友的水准

在生活中，人们为什么喜欢与比自己差的人交往呢？主要是因为他们怕与强者在一起相形见绌，会严重伤害自己的信心。这是人性的弱点，不论东方西方，男女老幼，多多少少都有点这方面的问题。

在“芭比娃娃”诞生之前，美国市场上给小女孩玩的玩具大多都是圆滚滚、胖乎乎的，类似秀兰·邓波儿的银幕形象。1959 年，露丝·汉德勒“创造”出了漂亮性感的“芭比娃娃”，她的推理是，小女孩不光需要一个跟自己年龄相仿的玩偶，更需要一个她长大后的理想形象。玩偶是小女孩对未来梦想的投影，小女孩希望快快长成少女。这是一个绝佳的创意，但芭比娃娃公开亮相后，却遭到美国妇女组织的置疑，认为芭比娃娃的体型为少女设置了不可实现的目标，最终结果就是伤害了她们的自尊心，使得她们对自己的容貌和身材感到自卑。

女性的自尊是脆弱的，因为担心自己在新的环境、在陌生人中间受到冲击和伤害，她们不愿意与太闪光的人物站在一起。有些女子在生活中只与有限的几个老同学、旧同事来往，这些朋友彼此可以平视，交往起

来既不伤人自尊，又不妨碍人自信，感觉很是轻松安全。闲来无事聚一聚，谈起私房话也无需避讳什么。谁有了困难，大家伸手帮一把，最低限度，也可以说几句暖心的话解解烦忧。这种交往可以满足沟通的需要，也可以满足互助的需要，关于朋友的最基本的内容似乎仅在于此了，但是如果你想有所发展，这个小圈子就显得有点儿狭窄。

那些出类拔萃的女性，她们之所以能够在自己的领域里做到"第一"，对于朋友的选择是其中的一个关键。

从进取的、发展的角度考虑，交朋友第一要交那些有才华，与你志同道合，可以相互激励、共同进步的人。

前英国首相玛格丽特·撒切尔夫人，在牛津大学就学期间，就加入了牛津大学保守党协会，保守党协会的各种活动迅速成为她生活的核心。

牛津的政治活动培养了大批人才。在这些活动中，玛格丽特结交了一些朋友。其中爱德华·博伊尔是与她关系较为亲密的一个。他是一位自由党下院议员的儿子，十分富有且受过良好的教育。作为一个典型的自由主义者，他的观点与玛格丽特的带有乡土气息的中产阶级保守主义观点相吻合。博伊尔是玛格丽特在那个错综复杂的社会和政治圈子里的领路人，多年后两人也一直维持着友好的关系。

玛格丽特在最后一学年认识了威廉·利斯-摩格。他早年就已成为《泰晤士报》的知名编辑。玛格丽特认为："这个人让人觉得他拘谨的外表下透出某种坚毅，似乎生来就属于高层次。"

玛格丽特的朋友还包括自由党人罗宾·戴，当时的学生会主席托尼·本，牛津最出色的辩才之一肯尼思·哈里斯，后来他们都在政治新闻界位居高职。玛格丽特非常喜欢与这些优秀人物保持一种愉快的关系，她对

政治有一种不寻常的热情，在这个圈子里她如鱼得水。

朋友是社会关系的重新组合，朋友的层次就是你的层次。你的朋友的思维和言论对你的事业和工作的影响是不言而喻的。

交朋友的第二项原则，是尽力接近那些能够给你的生活带来转机的贵人。一个人的朋友圈子里，不能没有几个重量级的人物。与更优秀的人物结交，可以使女人们开阔眼界、提升素质，缩短走向成功的距离。

1987年，斯坦福大学的一次晚宴改变了赖斯的生活轨迹，帮她实现了当年的“白宫梦”。当时，她在简短致辞中指出了大名鼎鼎的斯考克罗夫特讲话中的不妥之处。这却让台下的斯考克罗夫特感到后生可畏，相见恨晚。他还专门到赖斯的课堂上听了一次课。1988年大选后，斯考克罗夫特成为老布什总统的国家安全事务助理。他把赖斯揽到门下，让她主管前苏联事务。

在老布什总统任内，苏联解体，东欧发生剧变，柏林墙倒塌。赖斯为此在幕后出过不少力。老布什曾说：“我对前苏联事务的所有知识都是她传授给我的。”老布什卸任后，赖斯回到斯坦福大学教书，一年内就升任学校第二把手——教务长。她还常到老布什家中做客。老布什把她当作女儿一样看待。

1995年小布什当选为得克萨斯州州长。老布什感到赖斯可能对儿子的前途有用，于是便安排赖斯与小布什见面。同为体育迷的小布什与赖斯一见如故，聊了很多关于棒球的逸事。此后，他们互相赢得了对方的尊重和友谊。小布什曾这样评价赖斯：“美国将会发现她是一个聪明人，我相信她的判断。”小布什当选美国总统后，赖斯担任了总统国家安全事务助理，成为美国政坛最耀眼的女性政治明星之一。

结交成功人物，其实不像我们想像中的那么难。如果一个女人能克服自己的心理障碍，不理会表面上的风光，那么她的态度自然是坦诚和谦逊的，人际关系一定不会差。眼睛往前看，步子向上迈的人，本身就具备了成功的潜质，能与身边的人携手共进，形成持久的互动，对任何人来说都是一个有价值的朋友。

年轻女孩必须从多方面锻炼自己

一般情况下，女性对自己能力的评价还是现实的，也不容易犯志大才疏的毛病。女人之短，往往在于这山望着那山高，缺乏坚持的毅力。其实再伟大的梦想，都需要一个打基础的阶段，踏踏实实地做小事，是成就自己理想的第一步。

在人们的日常生活中，存在着一个伟大的定律，叫付出定律。它告诉我们，只要你有付出，就一定有获得，获得不够，表示付出不够，想要得到更多，你必须付出更多。人生就是一个追求卓越的过程，你只需要今天比昨天多付出1%，每天进步一点点，就已踏上卓越之路了。也许你可能不相信，从“平凡的女人”到变成一位“卓越的女人”，其实只需要你每天多付出一点点；然而，你却会因此得到很多，你的生活以及整个人生也许都会因此而发生改变。

有时某些人看似一夜成名，但是如果你仔细看看他们过去的历史，就知道他们的成功并不是偶然得来的，他们早已投入无数心血，打好坚固的基础了。

玛格丽特·撒切尔来自小市民家庭。在具有阶级意识的英国人眼里，这对于想往上爬的人来说是个瑕疵，甚至是一道无法逾越的障碍。

玛格丽特的父亲名叫阿尔弗莱德·罗伯茨，一个虔诚的卫理公会教徒，和他的妻子贝阿翠斯在林肯郡的小城格兰特汉姆经营一家小食品店。他有两个女儿，玛格丽特和缪丽尔，他对她们的管教非常严格。玛格丽特在青少年时代就忙着尽各种义务：她必须到店里帮忙，还要去教堂，所有的业余时间都被教堂活动占满，手工小组，圣经学习小组，做礼拜……玛格丽特·撒切尔后来写道："罗伯茨认为最大的一项罪恶便是浪费时间。这是值得的，每天以有用的活动来换取一项基督的感知而使自己不会陷入懒惰。"玛格丽特养成了不干完所有的事情就不能上床睡觉的习惯。就连后来她也一直比别人准备得更好，她早就做完了她的"功课"，等着她的同事和谈判伙伴，就像她父亲对她要求的那样。

哲学家告诉我们，世间的任何一件事情，都有它的不二法门。不论什么时候，一切急功近利的思想与行为都是一种短视，都是非常有害的。成功也有它的不二法门，那就是：一定要目光长远，而不要只盯着眼前的一点点利益，要学会朝着目标不停顿地努力，这是成功的唯一选择，也是最好的选择。实现你人生的最大价值，让进取心、理想和梦想变成伸手可及的现实，这才是人生最大的利益。

她，1972年作为第一届工农兵大学生以优异的成绩毕业于北京外语学院，被分到英国大使馆做接线员。

当时，做一个小小的接线员，是很多人觉得很没出息的工作，但她却把这个平凡不过的工作做得不同凡响。她将使馆所有人的名字、电话、工作范围甚至连他们家属名字都背得滚瓜烂熟。有些电话进来，有事不知道该找谁，她就会多问问，尽量帮人家准确地找到人。

慢慢地，使馆人员有事要外出，并不告诉他们的翻译，而是给她打电话，有很多公事、私事也委托她通知。一时间，她成为全面负责的留言点、大秘书，成了使馆的“全权代办”。有一天，大使竟然破天荒地跑到电话间，笑眯眯地表扬她。

没多久，她就因工作出色而破格调出给美国某大报记者处做翻译。在那里，她同样干得非常出色，不久，她就被破例调到美国驻华联络处，因成绩突出，获外交部嘉奖。

再后来，她被提拔为北京外交学院副院长。现在，她是中国驻纳米比亚大使。

她是谁呢？

她就是任小萍，她说：“在我的职业生涯中，每一次都是组织上安排的，自己并没有什么自主权。但在每一个岗位上，也都有自己的选择，那就是要比别人做得更好。”

你正在从事的工作没有卑微与伟大、重要与琐屑之分，无论什么时候，我们所付出的心血都不会白费。打地基的工作虽然辛苦，如果你把它看作一个搭建摩天大楼的连续过程，就能体验到成长的乐趣。“事物的本身并不影响人，人们只受对事物看法的影响！”即使我们不能改变环境，至少我们可以改变内心的想法和看待事物的态度。我们不能预知明天，但可以利用好今天；我们不可能每战每胜，但我们可以尽心尽力。

为了让自己不轻易动摇，我们必须要对“长久的快乐”和“暂时的快乐”有个清醒的认识。如果不喜欢种树的辛苦，而只喜欢享受果子的甘甜，那么，吃完手里的果子之后，下一步就是对着空空的树杈发呆了。要获得成功的人生，控制好自己的步调是必须的，创业需要激情，打牢基础需要的却是耐性。

好运不可兼得，为了梦想必须付出一些代价

一个聪明的女人应该在心中树立一个合理的目标，然后着手去实现它。她应该把这一目标作为自己思想的中心。这一目标可能是一种精神理想，也可能是一种世俗的追求，这当然取决于她此时的本性。但无论是哪一种目标，她都应将自己思想的力量全部集中于她为自己设定的目标上面。她应把自己的目标当作至高无上的任务，应该全身心地为它的实现而奋斗，而不允许她的思想因为一些短暂的幻想、渴望和想像而迷路。

天下没有免费的午餐，也没有既轻松愉快，又名利双收的好事儿，如果你在得失之间把握不定，那么可能一样东西也抓不牢。这种选择，说困难很困难，说容易也容易，这就需要我们分清主次，懂得放弃本身也是一种睿智。

前俄罗斯第一夫人柳德米拉学生时代酷爱表演，她曾因此希望成为

一名演员。在她中学的毕业晚会上，她还说过："我要去莫斯科报考表演系。"她那时的同学，至今依然记得毕业晚会的细节。的确，柳德米拉为了这一理想付出了艰苦的努力，她是少年宫戏剧组的主力，在那时少年宫排练的许多戏中，柳德米拉几乎都是女主角。

当柳德米拉成为总统夫人之后，她清楚地知道，今后她的一举一动都代表国家，她不再拥有少年演戏时那么大的表演空间，她必须足够谨慎，而且要以她的私人生活为代价。

聪明的柳德米拉深知要想帮助丈夫政治上有所成就，就应该使自己更接近俄罗斯传统妇女的模式——忠实、忍耐、善良，不掺和丈夫的事情，因为俄罗斯人不喜欢政治上太强势的女人。所以人们见到的柳德米拉总是衣着得体又不抢眼，紧跟在丈夫后面，风度谦恭，尽量避开摄像机镜头，也不让自己说话的声音被电视观众听见，可以说一下就拉近了她与俄罗斯人心理上的距离。

做柳德米拉自己还是做俄罗斯的第一夫人并不是一回事儿，可以说柳德米拉忠于自己的选择，得体地扮演了自己的角色。

真实的人生就是这样的，也许你为某个人、某件事情付出了一些代价，但这不是只用"牺牲"、"付出"一类的词儿就能概括的。活得明智的女人应该明白，如果你想从这个世界上获得某一种自己所渴望的东西——金钱、权力、声誉、地位等等，你都要拿出一样东西与之交换。如果你拿出来的东西分量不是很大，而你换回来的东西是自己一向所看重的，可以说这就是你的胜利。

在每个女人身上，总有几样可以拿得出来的东西，不管你的身份如何。

有一对老教授夫妇，他们想找一个保姆照顾自己的饮食起居，月薪是600元。很多下岗女工来应聘，但因价钱太低，又是“伺候人”的活儿而放弃了。一位年轻的姑娘却不计较价钱，她暗忖：老教授夫妇都是有文化的人，家里又有很多书，我有空还可以和他们学知识，不用交学费，他们还会给我发工资，想想真是太合算了。

这样，她高高兴兴地做起了教授夫妇的小保姆，还非常尽心地照顾着两位老人。两位老人对她的工作非常满意，就主动加了工钱，两代人相处得非常融洽，就像一家人一样。

而且两年下来，老教授还帮助和鼓励小保姆学完了大专课程，并拿到了文凭，以后她再找工作，就有了更多的选择。小保姆非常高兴，逢人便说：“这运气不是碰来的，当初那么多姐妹应聘这个工作，但是她们不做，要说运气，这也是我自己抓住的。”

那些还没有考虑好自己行程的女人，应该先想好自己追求的目标是什么，是独立开创自己的事业，还是努力工作、加薪晋级，或者是找一个好老公过安稳日子？一个有明确目标的女人应该致力于准确无误地完成自己当前的任务，哪怕这些任务需要你放弃一些既有的东西。只有通过这种方式，思想才能够被聚焦，果断的性格、充沛的精力才能逐渐地发展起来。当一切都就绪后，世上就再没有无法完成的事了。

抛开漫无目标和优柔寡断，开始为你的人生确定方向，这意味着你将加入强者的行列。在确定了自己的人生目标之后，一个聪明的女人应该在心中标出一条通向成功的笔直的道路，不再左顾右盼，而是专心致志，让自己的每一次行动都为自己内心真正的需要服务。

为将来做出长远规划，不犯短视的错误

有句话叫做“下等人认命，中等人知命，上等人造命”，每个女人会得到怎样的生活和命运，不靠生辰八字，不靠出身背景，种什么样的因，就会结什么样的果。

有很多年轻的女孩，也是努力工作、认真生活，按说是应该得到命运的好的回馈了，但是她们只是日复一日地奔波劳碌着，从单纯可爱的美少女，慢慢变成了皮肤不再光润，眼睛不再闪亮的中年女性，却依然是拿自己的时间和精力换生活，没有什么属于自己的东西可以牢牢地捧在手心里。

她们的错误在于，眼光只看到身边一点点大的地方，为饥饿而吃饭，为漂亮而穿衣，为了感觉而恋爱，为了薪水而工作。在许多人生的关键期，都糊里糊涂地过去了。

对于一个女人来说，拥有一个聪慧的头脑，看到自己的长远利益而做出正确的选择，才是获得好命的关键。

邓亚萍，1973 年生于河南郑州，第 25、26 届奥运会女子乒乓球单打和双打的双料冠军，曾获得 18 个世界冠军。

5 岁就开始学习打乒乓球的邓亚萍身高仅 1.50 米，从外表来看，这

样的身高似乎并不适合打乒乓球，当时的河南省队因为邓亚萍的身高，将这个日后的奥运冠军拒之门外。倔强的邓亚萍并没因此放弃，更不会因此失去信心，她总会为自己找到一个努力拼搏的理由。就像邓亚萍自己总结的成功经验一样："我不比别人聪明，但我能管住自己。我一旦设定了目标，绝不轻易放弃！"

1997年，从国家队退役之后的邓亚萍先后到清华大学、英国诺丁汉大学和剑桥大学进修学习。从乒乓球运动员到高等学府的最高殿堂，邓亚萍从运动员到学生的转换也经历了异常的艰辛。

初到清华大学的邓亚萍学习英语时，要从最基础的26个字母开始学起，邓亚萍说："上课时老师的讲述对我而言无异于天书，我只能尽力一字不漏地听着、记着，回到宿舍，再一点点翻字典，一点点硬啃硬记。我给自己制定了学习计划：一切从零开始，坚持三个第一：从课本第一页学起，从第一个字母背起，从第一个单词背起，每天必须保证14个小时的学习时间。"就是凭着自己从运动员开始一直坚持的这股韧劲，她拿到了清华大学英语专业学士学位。

从2003年到2008年，邓亚萍用了五年的时间，为自己戴上了那顶无数人羡慕、向往的剑桥大学博士帽。五年的时间里，除了读书，她还要兼任国际奥委会和北京奥组委的工作。邓亚萍的博士论文的题目是《全球竞争中的奥林匹克品牌：2008年北京奥运会的案例分析》。身为国际奥组委委员的她希望通过自己的博士论文更深层次地研究奥林匹克运动。导师对邓亚萍论文的评价是，角度非常独特。因为在学术上，还是首次有人从这个视角去对奥林匹克品牌进行严谨的研究。

邓亚萍在英国剑桥大学这座世界名校里书写了一段新的传奇——

在剑桥大学近八百年的历史中，第一次有像邓亚萍这样的世界顶尖级运动员获得博士学位。

邓亚萍的转型做得很漂亮，即使她在中间付出无数的辛苦，也是值得的。而且她在拥有了独立思考的头脑，掌握了获取知识的方法之后，就等于抓住了开启幸福之门的钥匙。以后环境再有所改变，要涉足新的领域的时候，就会拥有足够的底气。

在现实中有许多女子因生活所迫而失去接受教育的机会，已让人嗟叹不已，而另有一些女人却一直不曾觉醒，被暂时的顺畅蒙住了眼，从未去考虑自己长久的人生规划，这就是自己认识的不足了。对于女人，青春饭是吃不安稳的，与其让自己在年华渐去的时候走下坡路，不如居安思危，努力去充实提高自身素质。

女人的一生要面临无数次的选择，有一些是小选择，比如买什么样的衣服，周末到哪里去玩，这样的选择对你的人生构不成重大的影响。但是还是有一些选择相当重要，这些选择很大程度上决定了一个女人的一生，它们都是具有转折性质的关键点，走好了，一生都会很顺利，选择不好，可能要走许多的弯路。

女人幸福的人生，在于懂得什么是对自己最重要的东西。我们要树立起这样的观念，第一，做好自己的事，把事业当成生活的总纲，用它带动起自己的物质生活和感情生活；第二，做事业要做长线，把收益放到大的、长远的环境里衡量，先扎下根，再收获它的成果。抵制现实的诱惑，忍受孤独才能最终成功。

在五光十色的现代生活中，似乎每一天都充满了传奇。某个女子通过选秀节目一夜成名，出演了一部大制作的电视剧，成为炙手可热的新

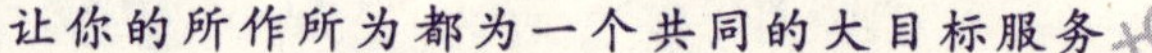

星；某个女子仗着有七分姿色，终于钓了一个金龟婿，做她的富家太太去了；某个女子买汽水的时候捎带着买了一张福利彩票，谁知却中了500万的大奖，连亲戚朋友都跟着沾了光。这些故事，听起来让人眼热心跳，恨不得这种好运气，明天都落在自己头上。

事实上，这却是一种非常危险的想法。

如果一个女人把命运寄希望于“意外”而非“努力”，这往往让她与好命无缘。因为这样的女人在面临可以改变人生的机会时，往往会只看到它金光闪闪的一面而忽略了可能存在的问题。比如她们可能会把自己的青春、名誉都押在某一个人某一件事情上，而忽略了对自己资历的积累和能力的锻炼，一旦外面的力量靠不住，就会败得很难看。还有些女人有欲望而没胆子，她们会找一些“碰运气”的途径来满足这种心理需要，如买彩票、赌博等。尽管这些途径成功的概率非常小，但只要有一丝机会，她们都愿意去尝试。到头来，许多大好时光就在一次次希望、等待、失落中消耗掉，但是除了多了年纪、多了皱纹之外，她们什么也没等到。

如果你梦想着有一个美好的未来，就要像一个真正的成功者那样去生活，通过自己的辛勤耕耘收获的果实，才可以放心踏实地享受。

前英国首相夫人切丽·布莱尔自小在经济状况并不良好的家庭长大，她早早明白只有勤奋才能改变人生，她从小就以成绩突出而成为家庭的骄傲。“我喜欢成功的滋味，所以我一直很努力地学习。我对自己的要求很严格。”年仅20岁时，切丽就以第一名的成绩从伦敦经济学院法律系毕业开始攻读法学硕士学位。那是1974年，年轻的女孩们都在嬉皮运动中穿上皮靴涂好指甲恣意狂欢，而此时的切丽正在抓紧午休时间咬着三明治刻苦读书。

“你知道吗？托尼·布莱尔很喜欢你。”朋友告诉她。全优生的切丽并不以为然，她面前是厚厚的诉讼律师复习资料，她知道只要她付出比别人多出几倍的努力，她的律师之梦就在不远处等待着她。当时她不知道，那个叫做托尼·布莱尔的帅小伙，原来竟是她的“真命天子”。

对于严格自律的女孩，命运始终都会给她垂青和厚爱，切丽成了英国顶尖律师之一，而托尼·布莱尔——日后的英国首相，也没有被别的女孩抢走。

我们每个人的生活道路都是不同的，在学业上的成就显然不是女孩的唯一。但是无论世事怎么变，总有一些核心的东西是不变的，不管是求学、打工还是自己做事业、经营自己的小家庭，如果一个女人尊贵的位置是靠自己的双手挣来的，那么这种运气对于她就十分牢固，没有谁可以轻易将其拿走。相反，如果你的成功是依靠了外力的推动，那么你就不是自己的主人，你的运气始终都是一个美丽的肥皂泡。

女人在年轻时可以容忍自己暂时落在别人后面，而坚持到最后的成功才是真正的成功。即使现在的你因为外貌和实力不足而被周围的人所忽视，你也不必放在心上，因为这些都是可以改变的。女人青春短暂，而智慧却是长久的，可以信赖的。

当一个人对社会的认识还不甚清楚的时候，常以为自己有着取之不尽、用之不竭的能源，所以在各个地方、各个方面都不知爱惜自己生命的储能。人活着，追求快乐的生活本也无可厚非，可如果为此摈弃了一生的目标，就不是理智的行为了。人生的快乐不可以预支，当你在不该停滞的地方停滞，不该享受的时候享受时，就是在透支未来。等到年华已过，又穷困潦倒之时即使再想起步，也是有心无力了。

那种今朝有酒今朝醉的生活，表面看起来挺潇洒，但事实上这种的快乐往往不能维持多久。成功是要讲究储备的，我们的积累越多，成功的机会就越大，也才可能走得更远。想求速达，就难以满足妄想，那种没有根基的快乐，就是蹉跎岁月的明证。

第四章

跟第一夫人学雅气：

在奢华中讲格调，在俭朴中讲个性

人有财富不等于人生丰富、高贵不等于高尚、有品质不等于有品位；脚比路长，只要你知道去哪里，世界就会为你让开一条路；新奢侈主义是一种气质和人生态度，一种需要不断追求、永不满足的学习精神。

——前中国外交官、纽约时尚评论人沈宏女士

富有不是尊贵，没钱不等于没品位

首先我们要承认，品位是要靠金钱来栽培的。在有钱人的生活里，“品位”的进化轨迹显而易见。先是豪宅名车，然后又有了私人飞机和游艇，然后为了彰显自己有钱有闲、功成名就的超然位置，富豪们开始举办艺术展，同时又玩儿起登山、滑翔、跳伞等顶级运动。另一道轨迹是，第一代富人白手起家，第二代富人学工商管理，第三代富人学文学、哲学和艺术史，完全不再为挣钱而奔波。

品位的培养，绝不是一日之功，否则，“暴发户”也不会成为一个让人鄙弃的名词。一个人是不是够富有，可以拿硬性的标准衡量，是不是够尊贵，内容就更加丰富了。

杰奎琳出生在东汉普顿，一个迷人的海滨城市，生下来就拥有美丽的家园、心爱的马匹、深爱的家人和书籍，深受奥黛利·赫本、纪梵希和香奈尔等高贵事物的熏陶。

孩童时代，杰奎琳把大量时间花费在阅读契诃夫、萧伯纳等人的著作上；少年时代，华尔兹、伦巴舞更是给了她优雅的气质；长大后，她的阅读兴趣开始转向莎士比亚、威廉·巴特勒·叶芝、萨特，甚至是迪派克·乔浦勒的作品，她是那么地喜欢看书，如果会有不同的生活道路的话，她说不定会是一个成功的作家。

但她选择了嫁给了肯尼迪，生命就注定了不平庸。当丈夫当选为总统时，31岁的杰奎琳也给白宫带去了一股新鲜的气息，成为第一个将时尚带进白宫的女主人。

她超人的魅力是美国历史上其他第一夫人所不能比拟的，这不仅体现在她的年轻和美貌上，还体现于她独特的气质、高雅的举止和丰富的内在涵养。作为第一夫人时的她备受人们喜爱，尤其是美国的妇女们，处处以这位第一夫人为榜样，学习她的言行、举止、风貌，甚至她的穿衣打扮。她给人的印象总是那么美好，她的每一句话，每一个动作，甚至每一个着装细节都让人回味无穷并争相模仿。她的穿戴极富个性，她独到的审美情趣，成功地倡导了美国的流行时尚。半个世纪之后，好莱坞的著名服装设计师伊迪丝赫德也说她是“历史上最佳着装”的女人。

更重要的是，杰奎琳不仅激发了美国人加强文化修养的意识、提高了美国人在欧洲的地位，她还帮助全世界的妇女，提高她们的欣赏品位，唤醒她们的自我意识。

品位的提升，优裕的生活是基础，讲品位不能不讲金钱，那么，如果暂时还没钱怎么办呢？

有些女人以为：“我没钱，讲品位也是有心无力，不如先专心挣钱，等有钱了再说品位也不迟。”这话听起来没有什么问题，但是事实上却不是

这样的，一个粗粗啦啦的女人，再说挣钱，也不过是拿自己的时间精力换钱罢了，这钱也许够她维持生计，若说积累和提升，靠这种打法，累死都不成。

更合理的次序，是先将自己打造成一个有品位的女人，然后再寻找挣钱的机会。

生活中会有这样一种女人，她们的出身不见得有多好，职位也不见得有多高，却一直坚持高雅的、有品格的生活，举止文雅，待人彬彬有礼。长此以往，在周围的人心目中，她就是一个有修养、有格调的人，大家对她的态度自然不敢过于随便、敷衍。后天贵族的资格，就是这么培养起来的。

不论谁见到李楠，都会被她吸引。她在一家广告公司搞策划，虽然工作非常自由，她却从不散漫懈怠，对公司上上下下的人，也从来都是以礼相待。她积极的生活态度，时刻都在证明她是一个有修养、有格调的新女性，因此，大家对她的态度自然不敢过于随便、敷衍。

更为神奇的是，虽然她算不上美女，但人们愈看愈觉得她漂亮。虽然她从来没有说过自己是一个美丽且能力出众的人，但是她深切地自信自己就是这样的人，以致于周围的人也都对她持肯定的态度。

虽然她三十岁仍然未婚，但她并不在意公司同事的非议，最终嫁给了一个条件相当好的男人。现在，她的事业和家庭都发展得不错，生活得十分精彩。

直到不久前，大家才知道李楠并不是出生富家。相反地，她在穷困的单亲家庭长大，从小与母亲及兄弟姊妹相依为命。她晚婚原来是为了照顾母亲和弟妹们的生活。李楠虽然出身贫穷，但她选择了做后天贵族，从而真正创造了高水准的生活。

追求品位不仅仅是附庸风雅这么简单，更多的时候，是向外界展示自己的理想和内涵。

人们都有一种普遍的心理特点，谁越有实力，就越有吸引力，大家都以与其交往、与其合作为荣；谁若天生的扶不起来或者正在走霉运，大家都有意无意地躲着他，好像与其走得太近，就会带累自己也低人一等。以此为出发点，我们无论做什么，自己都要先撑起门面来，什么时候也不能让外界看轻了。世上的事就是这样，你想要在这个世界上树立起怎样的形象，争取到怎样的身份地位，必须拿出像模像样的上佳表现，培养起在大家心目中的资格来。人们也许会同情弱者，怜悯弱者，却决不愿意与他站在同一条水平线上。

要知道，一个人所受到的待遇与自己的表现密切相关，如果周围有很多人抬举自己，那么我们也会变得信心十足。但如果自己都不善待自己的话，无论在何时何地，都不可能受到别人的礼遇。其实这也是一种资产，有很多人就是因为看起来卑微寒碜，而失去了绝好的工作和成功发财的机会。

讲品位，只要你的见识和气度像那么一回事儿，就没人会看轻了你。我们可以暂时没有钱，但不能没思想。比如同样是旅游，他去欧洲，你可以去苗寨，虽然花费大大的不同，却只代表你们的不同趣味罢了；他喝几千元一瓶的红酒，你只喝苏打水，倒也显得返璞归真；以此类推，他吃海鲜，你吃蔬菜；他听歌剧，你听民乐；他在蓝天绿草间打高尔夫，你在波光荡漾的小河边晒太阳。只要你有自己的风格和主张，一样让人刮目相看。

善待自己和身边的人，不必在小处省钱

人们常说“少花等于多赚”，的确此言不虚，尤其在创业阶段，减少不必要的花费不但可以为你积累第一笔启动资金，对我们的自控能力也是一种有益的锻炼。但是必须要申明的是，我们所说的俭省只是不因某一次的心血来潮难为了金钱，也不为一时虚荣付费而已，并不是因此就敷衍潦草，降低了生活品质。

现在已经不是我们的祖母和母亲们当家的时代，需要主妇们克勤克俭，维持一家人的生计。事实上，做好女人的重点不在于此，你完全可以通过其他的方式，表达你更有温度更有分量的爱心。

1974 年 7 月，《华侨日报》刊登了一则消息：“我俩情投意合，并得双方家长同意，定于 1974 年阳历 7 月 12 日在香港婚姻注册处举行结婚典礼，随即蜜月旅行。”这一天，29 岁的徐丽泰更名为范徐丽泰，嫁给了同学的哥哥范尚德。婚前，范太太告诉范尚德自己不会做饭、不会做家务、不会烫衣服，直到婚后依旧如此。两人生育了一对儿女，家庭生活十分和谐。从政前的范徐丽泰是一位资深的教育家，现在她是香港特别行政区立法会主席，一位出色的女政治家。但是繁忙的工作和不善家事的习性，都没有影响到范徐丽泰“太太”的形象，2006 年底，范徐丽泰被评为香港

NO 1好老婆。

范徐丽泰对得起这份殊荣，虽然她结婚30来年，炒一份叉烧炒蛋都不及格，然而范太太处理家庭危机的风格，对患肝癌的先生和对患肾病的女儿的爱，在香港深入人心，是人人称道的好女人。

做个好太太，要对自己好，要对家人有足够的关爱，至于在持家上够不够精明强干倒是次要的。当年撒切尔夫人就任英国首相，报纸上曾经登出她在厨房为丈夫烤蛋糕的照片。这种姿态，主要是为了表现大不列颠首相的亲和力，也等于在间接地教育女人说："看！人家首相也做家务。你能比她更忙吗？你担当的责任能比她更大吗？所以你不能逃离厨房。"但是对于撒切尔夫人，这种表演可能只是偶一为之，也并无人挑剔她做的蛋糕的颜色和味道。因为人们知道，烤蛋糕毕竟不是她的主要任务。

我们的现实生活，并不像那些女政治家一样要经受各种考验，但是那种风平浪静的幸福，需要的也是一个女人的智慧而不是她手足胼胝的操劳。我们只需物有所值的观念，把钱花在刀刃上，既不奢侈浪费，又能充分享受生活。

越是小事，越见女性的慧心。同样是添置衣物，倘若在孩子上学前或生日时，带着孩子一同去选购，那么买回来的就不单是一两样实用的东西，同时也增加了亲子感情。同样地，夫妻在添置家用设备时，若能考虑对方的要求，将对双方感情有极大促进作用。比如，买烟灰缸，女主人就不能以自己的喜好去买，要考虑丈夫用起来是不是方便，丈夫是不是喜欢。外出时，若能惦记着丈夫的爱好，给他买回来一些需要或喜欢的纪念品，就会把一次普通的花钱过程变成一次爱的体验，使对方每接触这件物品时，就会引起美好回忆。

值得注意的是，女人花钱常常会犯一个舍大求小的错误，我们应当学会避免这种情况。

有一个问题是，花5元钱买到10元的东西和花1000元买到1100元的东西，哪一个得到了更多的实惠呢？

乍看起来前者打了5折而后者只便宜了大概1/10，似乎是前者合算得多。但是，如果你冷静地想一想便会发现，你省下的金钱的数额是5元和100元，相比之下，前者其实微不足道。

道理很清楚，但是在现实中不少女人会犯类似的错误，她们在日常生活能省则省，一遇到大事就乱了方寸。比如碰到买房子、结婚等人生大事时，导购一说"买房子是一生一次的大事"、"结婚一辈子就那么一次"，人们就觉得有道理，于是"贵点也没关系"。但恰恰是这样的人，常常在超市买东西时对1元也会仔细算计，这是个有趣的现象。

一次的痛快，却把许多天精打细算的所得都搭了进去，那么你平日的节俭就失去了意义。女性朋友不妨换一种消费方式，你不必在菜市场和人争多论少，也不必舍不得那些已经不再柔软的毛巾，但是在添置大件或者筹划一次人生大事时，怎么算计都不为过。该紧张时紧张，该放松时放松，既不会难为了手里的钱，又有利于身心健康。

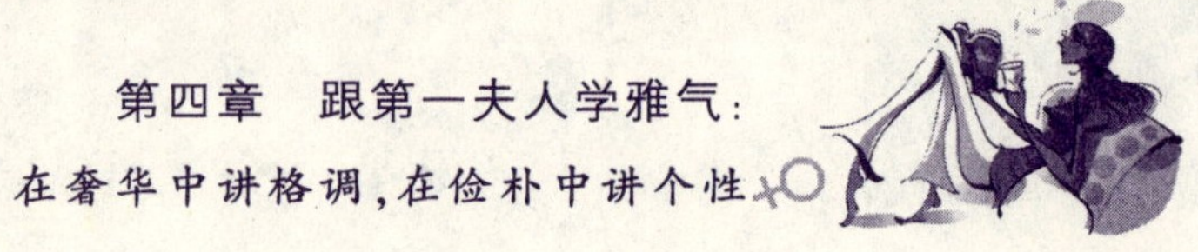

刷卡时代，看看是什么“卡”住了你的钱袋

作为一个现代女人，谁的包包里没有几张卡呢？各大银行的信用卡是卡族的主力，其他各种名目繁多的优惠卡、贵宾卡就数不胜数了。但是不知你是否意识到，这些卡片都是吃钱的，你的钱就是它们最好的营养品。刷卡消费固然风光便利，手中的钱在不知不觉中流失的烦恼却只能独自品尝。

很多女性喜欢逛街购物，看到喜欢的东西不论金额大小，有“卡”万事足。如果你正好也在其列，每次都能轻轻松松地全额缴清，那真要恭喜你，因为你是一位能充分利用信用卡的消费者！但如果你具有以上的特性，可是每次却只能负担最低应缴金额，并且还继续累积高额的循环利息，那么，你并不是在“用”信用卡，而是被信用卡给“用”了！

许多人往往无法控制住当下购物的欲望，结果一发不可收拾。更何况刷卡并非给钞票，并没有付钱的感觉，很多女性朋友很容易就刷刷刷地过度消费或超额使用，从先享受后付款变成先享受后痛苦。账单来时无法全数付清，就得动用循环信用，支付未付清的账款产生的利息，利息再滚进账款，也影响了个人信用。

信用卡虽然让我们消费更方便，但是，每一位女性朋友都应该思考：

“自己真的适合使用这种塑料货币吗？”除非自己能做好信用卡管理，消费才会不吃亏。

艾米是一位快乐的单身女郎，但是，毫无节制地消费，却是她最大的财务致命伤。每个月她都是辛勤地工作，但是一下班看到喜欢的东西就刷，刷完以后的单据不是随便乱扔，就是揉成一团放在皮包里，然后隔天换个皮包出门就忘记。所以每个月她都不记得自己到底刷了多少钱，刷的时候很开心，可是等到信用卡账单一来，整个户头剩下的钱就全部缴械。

你是不是拿到信用卡账单的时候，常常想不起自己何时消费了那么多的金额？还是在刷完信用卡之后，随手就把签过名的收据丢弃呢？现代女性朋友使用信用卡，要先做好支出管理，因为，“理债”比“理财”还重要。

善用信用卡，还不算修炼到家，这个时代，只要你一出门，就不免要遭到“卡卡”的围剿。

女性们对各种会员卡、打折卡可谓情有独钟，几乎每人的包里都能掏出一大把各种各样的卡。许多情况下用卡消费确实会省钱，但有些时候用卡不但不能省钱，还会适得其反。有的商家规定必须消费达到一定金额后才能取得会员资格，如果单单是为了办卡而突击消费的话，就不一定省钱了；有时商家推出一些所谓的“回报会员”优惠活动，实际上也并不一定比其他普通商家省钱；还有一些美容、减肥的会员卡，以超低价吸引你缴足年费，可事后要么服务打了折扣，要么干脆人去楼空，让你的会员卡变成废纸一张。

女性买东西，多喜欢成帮结伙，进店后几个人会商议、评判一番，事后如果买得满意，又受人夸奖，还会成为商店和所买品牌的义务宣传员和推销员，劝自己的小姐妹也赶快去效仿购买。如此一来，被“卡住”的概

率无形中又增加了好几倍。

陈女士虽已是徐娘半老，身材肥胖，但家境优越又仗着有做老板的丈夫的“面子”，平时一批相好的小姐妹们都对她“礼让”三分。为此，每当外出逛街购衣物，只要陈女士看中的，大家都附和着说好，劝其买下。有两个做生意的小姐妹，更是常常投其所好，主动为陈女土介绍一些所谓品牌服装、化妆品，甚至钻石、首饰、古董之类物品，编成种种故事，尽量说服陈女士：这么好的东西，非常适合你，不买，真的非常可惜。于是，轻信小姐妹，轻信朋友的介绍，陈女士不但一次次花钱买这买那，而且自己买了不算，还常常成为所买之物的推销员。在朋友们的介绍和“帮助”之下，陈女士眼下已拥有上海10多家高档时装、化妆品、首饰商店和厂家的金卡或贵宾卡，成为这些商店、厂家固定“交钱”的常年客户。而背地里，有人却常常评价陈女土说：没有眼光，没有脑袋，不会理财，只会做“冤大头”。

认真回忆一下，你的许多“卡卡”是不是也如这位女士一般，是在叽叽喳喳的怂恿声中办下的；或者是在商家天花乱坠的推介中，眼前一片玫瑰色，忙不迭地去钻那便宜的圈套；到银行办事，有位朋友说认识这家银行的经理，办个金卡取钱就不用排队了，于是填表拿了金卡；去理发，人家说先交2000元钱成为金卡会员，然后什么服务都打5折，于是又多一张金卡；与家政公司打交道，押些钱，优先请小时工，又来一张……

如果说信用卡还称得上是“塑料货币”，有着它方便快捷的优势，比较适合这个信息时代，而你要成为哪个行业哪家店铺的“贵宾”的时候，绝对应当警惕。商家无利不起早，纵然会给些折扣，也是为了把你拴得更紧一些。女性朋友要明白，消费的理由是因为你需要，而不是为了积累到

某个额度、换取某一种优惠。赶紧清理你包里的卡卡，别让它们温柔地拖累着你的脚步。

这种无节制、无方向的消费方式，是虚荣和糊涂，和品位完全背道而驰。曾经是是中华人民共和国的外交官，而后成为纽约时尚评论家的沈宏认为：

“人有财富不等于人生丰富、高贵不等于高尚、有品质不等于有品位；脚比路长，只要你知道去哪里，世界就会为你让开一条路；新奢侈主义是一种气质和人生态度，一种需要不断追求、永不满足的学习精神；一个女人一掷千金如果只是满足虚荣心，她的内心世界是孤独的、空虚的。”沈宏主张品位是一种生活态度，一种学习精神，与年龄、金钱、地位无关。

女性应该学会用头脑消费，而不是只凭一时热情，就掉进了虚荣陷阱里。

买名牌，不如坚持自己的搭配主张

台湾作家柏杨说过：“有钱真好，有钱而不用钱的人，遇事穷兮兮。想用钱而没有钱可用的人，遇事也穷兮兮。这两种人岂不是相同乎哉？曰：现象上相同，盖都是穷兮兮也，但实质上却不相同，一则是自己的安全感

不同，二则是社会上的观感不同。再吝啬的富佬，到处都有人拍他的马屁，希望拍出几滴油水来；而再慷慨的穷光蛋，决不会有几个人看重他。”

在社会上打拼，我们总是在不停地接触新朋友，寻找新的机会，他们不见得是了解你的实力，知道你的底细的，那么，他们又怎样判断你的身份呢？有时候，你所用的东西的品牌，就代表着你这个人的品牌。首先，你开的什么车子，是一道最亮的光环。华谊兄弟公司的董事长王中军，在这方面的讲究达到了极致。上班时，他开宝马 V12 或者敞篷的奔驰 600SL 跑车；重要的商务活动，则乘坐由司机驾驶的奔驰房车；参加派对时开宝马 Z8；休闲外出开宝马 X5。除此之外，你身上穿的是什么牌子的衣服，用的是什么牌子的手袋，乃至鞋子、首饰、眼镜等等，都是身份的标志。

品牌的包围圈，几乎无处不在。对品牌的隔膜太深，在一些人眼里，这个人就不入流、不够格。在这种情势下，我们必须不遗余力地向品牌看齐？那倒也不尽然。

我们热爱名牌，前提是它能为我服务，为我增添光彩，如果跟在名牌的后面跑得太累，就与我们的初衷背道而驰了。对于很多普通消费者，他们不可能像熟悉自己的掌纹一样熟悉那些令人眼花缭乱的各类名品，对于一些细节的讲究也很生疏。有可能刚节衣缩食数年买了一块劳力士表，才知道上流人士更看中的是柏达翡丽；或者拎上了路易·威登的包包，又被小众圈子里的人视为恶俗品位。

所以与其不遗余力地追捧大牌，不如适当表现一下你的个性和主张。

2008 年 6 月 18 日，美国第一夫人米歇尔又让时装界大吃了一惊。在美国广播公司的《观点》节目录制现场，应邀担当嘉宾的米歇尔穿了一条无袖黑白两色太阳裙上场，优雅而自信，立刻引起关注。在节目中，米歇

尔毫不隐讳地透露，她的这条裙子是在一家名叫“白宫/黑市”的连锁服装店买的，品牌是唐娜·里科（DonnaRicco），售价只有148美元。

这套服装虽然很平民化，但是非常适合米歇尔。它展示了米歇尔漂亮的三头肌，而别在左肩裙带上的黑色花束，加上她浓密的睫毛和小碎花卷发，让米歇尔显得优雅而有活力，充满了女性的魅力。

一米八的身高，体形修长健美，44岁的米歇尔天生是个模特胚子。不过，要想打扮得体而且引人注目，就需要后天的努力和悟性了。在这方面，米歇尔花了不少时间和心思。早在2005年，她陪丈夫奥巴马参加美国全国有色人种协进会第36届嘉奖会时，她就引起了时尚界的关注。当时，米歇尔穿了一条曳地绣花晚礼服，说实话，这种礼服虽然很优雅，但是比较传统，不容易穿出彩。不过，米歇尔别出心裁地在手腕上戴了一个羽毛状的花色大手饰，并配上一对白色大耳环，马上就使这件经典的绣花晚礼服显得不同寻常。

同一年，米歇尔和奥巴马还参加了由美国著名脱口秀女王奥普拉·温弗瑞主持的一个庆典，主题是嘉奖艺术界、娱乐界和人权领域的杰出女性。在出席那场庆典的女嘉宾中，有不少人穿了白色晚礼服，米歇尔穿的也是一袭白色长款晚礼服。不过，她在脖子上配了一条白色大项链，加上独特的古铜肤色，还是让她在众多白色礼服美女中脱颖而出，成为当晚庆典的焦点。

米歇尔既会穿设计师品牌，也会穿平价服装，并将它们完美地搭配在一起。她最擅长以平价服饰搭配精品配件，走出一条更加实际的时尚路线，引来无数人争相仿效。

在一些评论家看来，米歇尔这种混搭名牌和大路货的风格不仅很现

代，同时也反映了美国时尚界因时制宜的新风尚，是在经济不景气的情况下追求时尚的明智选择。美国女历史学家多丽丝·科恩斯·古德温对米歇尔着装风格的评价是："她很可能成为一个典范，告诉美国的中产阶级，有些衣服并不贵，但穿起来也很棒。"

另外，米歇尔选择将名牌服装与大路货混搭来穿，也是出于对丈夫政治形象的考虑。总统大选时，米歇尔一直强调她和丈夫奥巴马出身工人阶级，"我生长在芝加哥南部一个工人家庭，我的父亲是一名管道维修工，母亲是家庭主妇，而我自己的身份定位，则是一个工人阶层的女孩。"为了吸引更多蓝领选民，米歇尔就不能只穿价格昂贵的名牌，那样就不利于表明自己的出身和所代表的阶层。有时穿些大路货，会让女性支持者感到"她穿我们平时穿的衣服"，这样的评价当然使米歇尔和那些年轻的女性支持者们缩小了心灵距离。

最合适的消费主张，是选择一些与自己身份与个性相匹配的品牌，通过巧妙的搭配，获得意外的惊喜。

想提高自己的服装行头的档次而向上走，思路是不错的，只是步子不能迈得太大了。大品牌不是不能选，但是要等到你的实力可以驾驭得了它的时候。穿得太寒碜了固然让人漠视，成了品牌的奴隶同样不见潇洒大方之气。

感性的女人，理性的消费

世界上最好赚的钱就是女人的钱，女人都喜欢花钱，报纸杂志上那些各种各样的购物广告，都是让女人看的。女人常常疯狂地买回一大堆商品，然后扔进储物柜里，直到落满灰尘被当作废品处理掉。她们并不心痛，花钱的意义在于购物的过程，至于那商品本身的价值反而降到了其次。

在生活中你可能常常会碰到这样的女人——或者就是你自己，一面抱怨手头钱紧，一面却经常买商业广告上的那些垃圾，从手机、服装到什么发棒、脂肪燃烧机、万能清洁剂等五花八门的东西都不在话下。结果就是这些并非必要的开支，一点点消耗了你的金钱，让你总处于捉襟见肘的尴尬之中。

想要省钱做大事，你应该有物超所值的观念，或最起码你要懂得什么叫物有所值，妥贴地打理你的生活。无论什么时代，那些有理财头脑、秀外慧中的女子总是让人赞叹的。

作为一个够格的女主人，学会统筹规划、合理安排家事，其实比缝缝补补、洗洗涮涮更重要。如果有足够的财力，当然应该选择“高质量”的生活，但对于目前还要靠工薪生活的女人来说，消费层次应该与收入水平相匹配。在你的家庭经济危机出现之前，就应当认真检视你的收支，进行

合理的规划。

你每个月至少得做一次精确的财务分析。具体的操作如下：先统计你的本月总收入，包括薪金、奖金、利息和其他所有额外收入。然后逐笔记下每月的各笔开销，包括租金、贷款利息、水电费、娱乐支出等。最后将总收入和总支出进行对照。你应该让每个月的收入在应付了总支出之后还有一定剩余以备不时之需。

如果通过上面的对照你发现自己每月收支只能刚好平衡甚至入不敷出，那么该怎么办呢？你应该慢慢地削减开支，但一定不要太仓促，你可以从改正一些错误的消费习惯开始：

1.冲动的消费

你是不是一个冲动的消费者？如果是，必须先来算算这个习惯的成本。试想如果每一周都冲动地买个价值15元的东西，一年下来得花780元。当然，偶尔还是要慰劳一下自己，但也不要太过分。如果经常有别人陪着购物，并且还鼓励你去买超过预算的东西，那么，最好还是自己一个人去购物。

2.用循环信用购物

大部分信用卡的循环利息为14%-21%，所以信用是很昂贵的。一台4000元的电视机如果用利率15%的贷款购买，3年下来会值4900元，也就是说，总价会超过用现金购买的约25%。如果一定要用信用卡，将消费的余额越快清偿越好。

3.消费的时间不恰当

买刚刚才送到商店里的衣服或当季的货品，是很昂贵的。事实上不久后，商品价钱就会降下来，特别是在销售情形不佳的季节里。其实可以

等到新产品(如手机、电脑和电子设备等)上市后开始降价时再买,替自己省下些钱。

4.安慰型消费

有些人则会以花钱作为武器,抒发自己的压力或沮丧的心情,譬如说,如果对另一半发脾气,她们就会跑到最近的购物中心去大肆消费,以作为一种惩罚。这是相当愚蠢的。

5.买个方便

省时的速食代价不菲,譬如说,一个知名品牌的冷冻面条,要比同样分量的一般面条贵上2-5倍的价钱。另外,所谓便利商店的东西也是比较贵的,因为它们的货物加成费用要比超级市场里的加成高。如果经常在便利商店购物,一年下来,两者的消费金额相差会有千元以上之多。

尽管品位女人的生活宗旨,要最大限度地开发自己的能力去做事业,去投资、理财,但如果你连自己的日常生活都安排得一塌糊涂,别的都将是奢谈了。所以省下生活中不必要的开支,不但可以使你活得更从容更踏实,更是对你财商的一种锻炼。

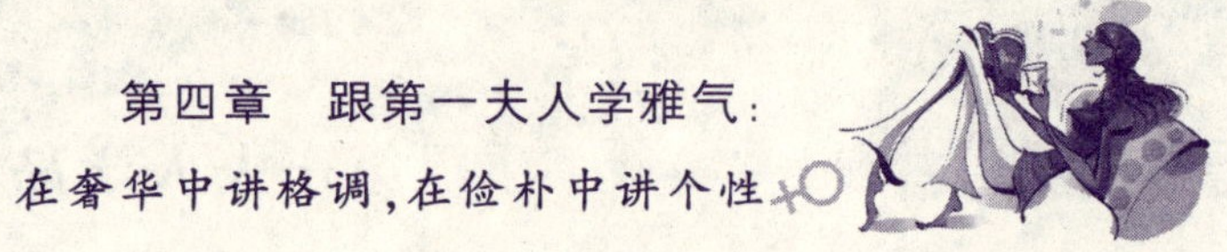

精心设计你的家，先从心态上“高级”起来

对女人，讲品位应该是一生一世的事儿，衣食住行、休闲工作，样样都要做得有格调、有个性。

谈到这里，有些女人也许会说，要是我也开名车、逛名店，自然也能培养起不凡的品位。而现在迟到一分钟就要看上司的脸色，吃个饭都急匆匆的；买个化妆品，也要反复掂量，对那些国际化的大品牌，还要有视而不见的定力。如此这般，哪里还有闲情逸致讲品位呢？

是的，我们不得不承认，品位首先是有钱有闲阶级的事儿，但不是要让为生活奔忙的女子，一定就要过那种低级的、没有情趣的生活，你完全可以按自己的条件，创造出一种让人刮目相看的品位生活。

有一对小夫妻，都是农村的孩子，大学毕业后在城市里找了一份薪水微薄的工作，一切都要重新开始。他们在一个僻静的小区里，租了套一居室的房子。房东是带家具出租的，除了床柜桌椅之外，还有一些不知哪年置办的相框、藤篮之类的装饰品。这对夫妻只留下了几样实用的家具，剩下的东西他们帮房东打好包，请他放进了库房里。自己动手粉刷了房屋之后，他们买了几个大大的陶土花盆，养了几盆舒展大方的赏叶植物，沙发上随便扔几个手工靠垫，两本时尚杂志，气氛马上就出来了。到过他

们家的同事，都待得很舒服，根本没有注意到他们的居住环境是多么的局促。因为住在自己一手打理出来的房子里，他们很快找到了“家”的归属感。

这家的女主人，在衣着打扮上也很有一套。她买的衣服不是很多，但是却常在报刊杂志和网络上“看衣服”，所以感觉一向到位，穿着时尚大方。上班穿的衣服，是她所有衣服中质地最好、价格也相对较贵的，她认为，每天工作8小时，没有理由不穿得整齐漂亮些。这不但会给同事或者客户一种信任感，自己也感觉很有精神。

如果说男人的生活品位还和他的经济环境密切相关的话，女性的品位则更多地来自于她的生活智慧。事实上，在生活中也不是花了钱就提高了生存质量，只要设计得当，你完全可以保持简约而够品位的生活方式。

品位的提升，来自于长期的熏陶与磨练，当你的经济环境逐步改善、社会地位逐步提高时，对于生活格调的驾驭能力自然也会提高到一个新的层次。

美国前总统肯尼迪的夫人杰奎琳会说流利的法语、西班牙语和意大利语，她喜好法国风格的食品和时装，在安排白宫国宴时经常选用法国烹饪，但作为第一夫人穿着法国时装她又怕被人批评不爱国，因此叫美国的服装师模仿法国的风格为她设计制作服装，她已经成为国内和国际的时尚偶像。

杰奎琳做的第一件重大工作是恢复白宫内部的本来模样，在由准备退位的艾森豪威尔总统夫人带领她巡视白宫时，她就为其充斥着没有历史感的复制家具而感到沮丧。她认为白宫代表着国家，就应当恢复其历史形象。她要求组成一个美术委员会，着手进行这项工作，到处寻找古董

家具和历史艺术作品，甚至亲自向曾经设计过白宫的人写信。完成恢复工作后，1962 年 2 月 14 日她自己出面带领 CBS 的电视主持人拍摄专题参观巡游整个白宫的电视节目。

杰奎琳主持的许多社交活动使得总统夫妇成为国内文化界的焦点，在美国的历史上第一次对音乐、艺术和文化如此关注，杰奎琳的每次招待使得每位到白宫参加国宴的客人感到都是一个美好的夜晚。

当一个人不再为生计奔波忙碌之时，就有余力去关注精神，提高修养。“富而好礼”是一种自然的过渡，大多数人都可以毫不牵强地做到这一步，但是像杰奎琳这样充满艺术气质和时尚精神的女性，无疑是其中的佼佼者。

对品位的追求，是可以带动起我们的实质性生活的，古人讲究“食不厌精，脍不厌细”，所强调的“精”和“细”，就是要以形式来承载内容，让在人们的日常生活中，感受到“礼”的潜移默化。人总是要受环境所影响的，比如我们在豪华的酒店或者路边的大排档吃饭，心情肯定不一样，吃饭吃味道，同时也吃感觉，吃层次。一个老农捧着粗瓷大碗往家门口一蹲，一碗饭三下五除二就拔拉下去了。如果眼前是精致的杯盏，各种菜式色彩鲜明、刀功精细，那么吃饭的人不知不觉也会变得文雅安静，收敛了不少粗鲁浮躁之气。

形式的作用，决不止“穷讲究”那么简单，在它的背后，还有一连串的附加意义，这就是以形式去提升内容，满足我们对高品质生活的内心需求。

主持宴会，要吃出你的风格和品位

对于每个人，吃都是头等的大事，民以食为天吗。在灾荒年，人民吃饱了就安分守己不闹事，太平盛世，人人温饱，饮食就是地位的体现。虽然据发过大财也捡过垃圾的通人说，用炮制鲍鱼的方式炮制一块猪头肉也同样好吃，鱼翅其实就是粉条子的味道，但是吃鲍鱼和吃粉条子，毕竟还不是同一种感觉。

吃什么、怎么吃本来是很个人的事儿，外出旅游，不逛当地名胜，偏挤到小吃街上吃麻辣烫，可以；晚上在家看电视，一碗清粥，两碟小菜，自由。可出来和你的老板、同事、合作伙伴、朋友客户一起吃饭，就要讲究点水准了。别人请客还好说，客随主便，由人家安排去好了。如果需要自己做东，应酬工作上的客人，这就比较伤神，谁为主，谁作陪，在哪里请，点什么菜，都要好好斟酌一番。

如何宴客，最为考较女主人的水平。

2009 年 2 月 22 日傍晚，美国 50 个州的州长应邀出席白宫的正式晚宴，这是奥巴马担任总统以来的第一次晚宴。

第一夫人米歇尔穿着一袭黑色的抹胸曳地长裙，颈间耳畔点缀钻石和珍珠等首饰，光彩照人。陪伴在奥巴马的身旁，她成为整个晚宴的一道

亮丽风景。

客人们被款待以切萨皮克蟹肉饺、特级日本牛肉、扇贝和越桔馅饼等美味佳肴。

与此同时，奥巴马正在尽最大努力说服一些共和党州长，希望能够获得他们对经济政策的支持。

为了将晚宴办得尽可能完美，22日早些时候，奥巴马夫人到白宫厨房探望了为晚餐而忙碌的厨师们，并与厨师们一起向获准来到这里学习烹饪的6名学生展示了晚餐的准备过程。

注重饮食健康的米歇尔还向学生们传授美国"第一家庭"的"饮食经"。米歇尔说，白宫厨房烹制的食物中，早餐的华夫饼和奶油玉米粥是他们全家的最爱。她还透露，奥巴马最爱吃的则是扇贝和馅饼。

米歇尔既有亲和力又讲究生活品质的作风，为这次晚宴增色不少。

现代社会，吃饭往往都是醉翁之意不在酒的。在安排一次宴会之前，首先要对请的客人心中有数。一般每次邀请的客人，都是有一个目的的，或洽谈项目，或签订合同，或接风迎客，或饯行话别等等。按照常规，不宜把毫不相干的两批客人全在一起宴请，更不得把平时有芥蒂的人请到一起吃饭，以免出现不愉快的场面。另外请客也是讲究规格的，我们可以根据自己要办的事的重大程度，和自己的消费水平安排不同档次的场所。若是公费，单位一般也都有相应的规定。

宴会菜谱的确定，应该根据宴会的规格"看客下菜"。总的原则是考虑客人的身份及宴请的目的，做到丰俭得当。整桌菜应有冷有热，荤素搭配。有主有次，主次分明。即一桌菜要有主菜，如鱼翅、燕窝、甲鱼等，以显示宴请的规格，然后再以一般的菜调剂客人的口味。这些菜可以不求高

档，以适口为主。

通常人们所说的好菜，除了本身价值不菲的原材料外，最主要说的是味道好。然而中国的饮食文化博大精深，味型变化万千。东西南北人们的口味差别很大。传统上南甜北咸，东酸西辣的风味格局也逐渐融合，出现了不少新派口味。那么怎么样的味道才是好味道呢？既然是请客，当然是迎合客人口味和心意的菜最好。这恰恰是商务宴请中最难把握的。因为主客之间是公事上的往来，往往并不十分熟悉，有些甚至就是一面之交。因此对彼此的口味也就不可能很了解。而且商务宴请也不可能像朋友聚会一样，可以互相谦让，兼顾各人的口味，轮流点菜。除非是关系已经非常密切的商业伙伴，一般正式的商务宴请，都是先安排好菜式，客随主便。

我们根据客人的籍贯、职业特点、个人兴趣推断出其大致的口味就再好不过了。但如果实在是难于推测，也可以点 2 到 3 个相对保守的菜，也就是一般情况下大众都能接受的，所谓中性的菜。那种口味太过刺激，特点太过鲜明的菜，喜欢的人太喜欢，不接受的又绝对不接受，相对而言，还是中性比较稳妥。有时候，中庸也是一种个性。

别担心中性的菜口味平平，不会给人留下深刻的印象。如果给客人留下的是非常糟糕的印象，还不如不留任何印象好。这样起码客人不会尴尬，不会吃不饱饭，不会日后说起这顿饭还心有余悸。

因为工作原因，需要经常在饭局中应酬的人，可以多在这方面下点儿功夫。在单位附近找两三家不同档次的饭店，每次根据请的客人的情况，就近安排在这固定的几家饭店。这样既不会每次临时绞尽脑汁地找地方吃饭耽误时间，又可以跟饭店建立长期的关系，在价格上获得优惠。

更重要的是，经过长期考验的饭店，除非有特殊情况，比如换了厨师等，一般菜品不会出现大的问题，比如不新鲜、不卫生等。最起码口味上会让你很放心，太咸太淡等情况发生的几率比较小，每次端上桌的菜，哪怕是你以前没有尝试过的新菜品，也不会差到哪去。

长期在这些固定的饭店消费，服务生就会非常熟悉你的需求，每次来了，不必再煞费苦心地点菜，只需要悄悄知会一下此次宴请的规格，服务生自然就会根据客人的人数、性别、年龄以及时令等，帮助你迅速点好一桌符合要求的菜品。这些菜品也不是一味的山珍海味，而是高中低档菜品搭配着，价钱不会十分的昂贵。这样，你不必花费过多的金钱和精力，就可以给客人留下一种有诚意、有实力的印象，对以后的交往大有好处。

吃是一种消费，也是一种效益，当这种效益转化为实实在在的金钱时，我们才会有闲情、有余力进行其他高雅的生活体验。

做一些善事，体验品位的最高境界

作为一个名流富豪，光挣钱而不做慈善总有点儿不够格，一个人的名字，若只出现在富豪榜上而不出现在慈善榜上，是最容易受人质疑的。从这个意义上说，做慈善，首先是做形象，同时给自己和自己的产品打一个正面的广告。

富豪们拿去做公益事业的钱如何打理？“太太团”关键时刻勇担重任。现在，“我来挣钱，老婆花钱”成了中国一些富豪们做慈善的新方式。

在“2007中国慈善家排行榜”上，以制鞋起家的奥康集团董事长王振滔荣获“年度特别贡献奖”。说到刚设立的2000万人民币的“王振滔慈善基金会”，王振滔坦言，基金会秘书长的人选真难找：既要懂得投资，还要有做公益事业的号召力。为此，他专门在温州老家的报纸上打招聘广告，但仍无合适人选。王振滔发动太太帮忙花钱，兼与受助对象进行交流，算是不得已而为之，结果却令他颇为满意。“太太读了学生们给我写的感谢信，很高兴。”王振滔说。把辛苦赚来的钱大把的拿去做慈善，太太的支持自然非常重要。请太太打理基金会，王振滔笑称“我赚钱，太太开心花钱就行了”。

慈善最好是夫妻档，这种软性投资做好了，一家人都面上有光，公众形象立马升级。

当奥巴马正在为美国经济操劳时，第一夫人也没闲着。据媒体报道，近日米歇尔在白宫附近的一家慈善厨房帮厨，以自己的实际行动来号召更多的人在经济不景气的当下，投入到义工服务中来。

这家名为米里亚姆的施汤所距白宫不远。当天，米歇尔在她的时尚外衣上罩上围裙，并戴上塑料手套，做意大利蘑菇调味饭和水果沙拉。慈善厨房是为穷人或流浪汉免费发放食物的地方。奥巴马曾指出，随着经济不景气的加深，施汤所的需求也将增多。

当天，米歇尔满脸笑意，很乐意配合拍照。而此时，他们的一双女儿则正在白宫搭建的游乐场里尽情玩耍。

饥荒疾病、气候变化、战争遗孤、退伍伤兵……简而言之，所有能引

起人们恻隐之心的国际问题，温婉的女性特质都有用武之处。投身于慈善事业，有作秀的成分——政治本身就包括“秀”给大众看的特质，同时，这对女性个人，也可以起到丰富心灵、增加内涵的功效。

如果问你“生活中什么是最重要的？”你也许会回答“工作”，也许会回答“亲人”……可是你忘了内心深处的声音“快乐”，没有快乐，所有的一切对我们来说都毫无用处。快乐和金钱不一样，它不是一种可以赚得到的物质，它只是一种心态，一种感觉。

现代人物质丰富，衣食无忧，可是快乐的人并不是很多。因为人与人之间关系的冷漠，空虚忧郁时常充塞着我们的心怀。那么，拯救我们心灵的秘方究竟在哪里呢？

赫本是五六十年代的好莱坞影星，她有两项非常有趣的记录：一、她结过七次婚；二、她从没有看过心理医生。

一位叫史塔勒的医生对此产生了兴趣，因为他常在半夜接到一些著名主持人和影视明星的电话，要求他给予心理上的帮助。史塔勒作为心理学家，对于大多数人的问题都能迎刃而解，但有些人，他也一筹莫展。这些人多是些大腕，要么片酬在一千万美元以上，要么出场费达百万美元之巨，他们衣食无虑，崇拜者如云，是一群世界上最幸运的人。

史塔勒获知赫本的两大记录之后，好像在黑暗中发现了一抹曙光，决心深入研究一下。他想，说不定从她那儿就可以得到点突破。

他翻出六十年代的报纸，找出有关赫本的所有报道。他发现赫本区别于其他影星的不仅仅是那两点，比如说，赫本曾息影八年，这在好莱坞的历史上是没有先例的。要知道，在当时，作为影星，息影一年等于洛克菲勒家族在田纳西州封存一口油井，那种损失是看得见、摸得着的。另

外，史塔勒还发现赫本曾做过六十七次亲善大使，尤其是一九五六年至一九六三年间，她几乎每月都到码头、监狱、黑人社区做义工。有一次，她甚至拒绝贝尔公司每小时五万美元的庆典邀请，去医院给一位小男孩做护理服务。总之，赫本非常乐于做无报酬的慈善工作。

史塔勒对这一发现非常重视，他认为这里面肯定蕴藏着心理学方面的某种东西。为了能得出一个圆满的答案，他推而广之，对其他乐于公益事业的名人、富翁进行研究。最后，他发现这些人很少有怪僻及其他不良记录，他们同赫本一样，几乎没有看过心理医生。

后来，他把他的发现应用到他的那一批特殊病人身上。好多人接受过医疗或忠告后，一扫过去阴霾，变得乐观起来。有一段时间，好莱坞甚至掀起了一个争做联合国亲善大使的热潮——他们争着去非洲的索马里，去科索沃的难民营，因为他们在慈善行动中发现，世界上存在着这么一条公理：当一个人付出的劳动没有得到金钱和物质的回报时，则可以得到精神愉悦。

慈悲是世界上最高尚的事业。往大了说，它是取之于社会，回报于社会，维系着人与人之间的和谐。对于那些奉献了爱的个人来说，它是你心灵之中最充实的安慰。

女人的爱心，是品位的最高境界，温暖了这个世界的同时也温暖了自己，你是付出者，同样也在这种付出中受益。

第五章

跟第一夫人学灵气：

有情趣的女人永远不会使身边的人感到乏味

“为什么有人喜欢40岁的女人，因为她们认识自己，知道自己适合或不适合什么，她们花费了时间来完美自己。”

——前法国第一夫人、超级名模卡拉·布鲁尼

注重生活细节，让平淡的日子发光

一个女人的美好并不是年轻，或是一张漂亮的面庞，更重要的是她是否神采奕奕，充满健康的活力。一个女人的美丽在于她的气质，独一无二的个性风采。她们拥有自己的品位，对生活充满热情、内心十分充实、充满了个性的魅力，而这些全靠你是否有好心情把它张扬出来。

心情是心田的庄稼。只要心脏在跳动，心情就播种着，生长着。可能没有爱情，没有自由，没有健康，没有金钱，但我们必须有心情。

有一个女孩，是个大学三年级的穷学生。一个男生喜欢她，同时也喜欢另一个家境很好的女生。她们都很优秀，他不知道应该选谁做妻子。有一次，他到那个很穷的女孩家玩，她的房间非常简陋，没什么像样的家具。但当他走到窗前时，发现窗台上放了一瓶花——瓶子只是一个普通的水杯，花是在田野里采来的野花。就在那一瞬，他下定了决心，选择那个穷女孩为自己终身所依。促使他下这个决心的理由很简单，那个女孩

子虽然穷，却有一份美好的心情来对待生活，将来，无论他们遇到什么困难，他相信她都不会失去对生活的信心。

对于每一个女人来说，出身、环境乃至某一段人生遭遇，都不是我们所能选择的，我们唯一可以控制的，就是自己的心情。如果我们能拥有一颗宁静广博的心，就不会因为环境的压力而灰心，不会因为眼前的困苦而沮丧，无论在多大的紧张或压力之下，都能保持自己的节奏。

无论对大人物还是小人物，生活都是一个又一个周而复始的白天和黑夜，日子是一样的日子，怎么过分别就大了。让我们的日子有光彩，除了以一颗美好的心灵去对待生活细节之外，还可以用你的慧心，时不时地炮制出一些惊喜来。

形容好日子我们有一句现成的话，“天天就像过节似的”。事实上，现代我们生活中的节日也越来越多了，土的、洋的、传统的、现代的，只要你愿意，都可以过出不一样的味道。

2 月 14 日是“情人节”，年轻的情侣间互送巧克力和玫瑰花，甜言蜜语，花前月下，多么好的增进感情的机会。即使是老夫老妻，也不妨先充任一下情人，情人，其实不就是有情人吗？如果你觉得买玫瑰有点华而不实，那么可以提醒老公上街买一件任何你需要的小物件来，哪怕是一双袜子，也是情人节的袜子吗？女人有心情过节——尤其是这种带点儿洋味的年轻人的节日，表示她对现在的生活很满意，表示她还没有被岁月磨砺得麻木而迟钝，当老公的，怎能不配合一下呢？同样地，4 月 1 日愚人节的玩笑也不要放过了，小小地折腾他一下，别平白辜负了这大好时光。

3 月 8 日妇女节，5 月的第二个星期日是母亲节，都是女人享受的日子，即使不出去吃大餐，也可以理直气壮地催促爱人下厨，给一向勤劳

的主妇做几个小菜，厨艺不佳不能成为他的借口，关键是心意吗。

来而不往非礼也！我们不妨把5月1日的劳动节、万象更新的元旦送给他们，为他们做几个喜欢吃的菜，倒上一杯红酒，感谢他们平日为家庭做的奉献，祝福他们来年更上一层楼。甚至在6月1日的儿童节，你们也要好好地过一过，值得庆祝的日子，无论谁都不会嫌多。

除了这些"公共纪念日"以外，最主要的还是只属于两个人的节日，如相识纪念日、结婚纪念日、双方的生日等。届时，可采取适当形式给自己心爱的男人一个惊喜，使他感到你时时刻刻地都将他装在心里。

还有，在你的老公升职加薪，或是获得什么成就、拿到什么殊荣的日子里，你可以为他举行小型的"宴会"以示庆贺，也可以买一件他向往已久的东西，比如一根新式的钓竿，一双名牌的皮鞋等，作为长久的纪念。

不管多么优裕的生活，如果漫不经心、无精打采地去过，它也会变得平淡无味。相反，即使在物质上还不太丰厚，只要你开开心心、充满创意地去对待，幸福就不会远。

好女人不是美女图，"中看"还要"中用"

男人和女人在最初相遇的时候，他会被她美丽大方的容貌，高雅脱俗的气质吸引，一见钟情的恋爱，常常是在这种情况下发生的。但若是长

期的共同生活呢？赏心悦目的外表，毕竟代表不了酸甜苦辣的生活，男人的心，常常会转向那些有血有肉、能给自己带来人生幸福感的女人，而不会仅仅满足于欣赏一幅美女图。

在这个千变万化的世界上，什么事都可能发生，包括出身寒微，在夜总会做过女招待，身边还带着个4岁孩子的单亲妈妈卡米拉，最后能够走进英国王宫的大门，成为继戴安娜之后的下一任王妃。

在世人的眼中，无论从哪一方面来看，这两个人都不是一个重量级的对手。戴安娜，这朵英格兰的玫瑰，20世纪最富有魅力的女人之一，她年轻、美丽、高贵、大方，几乎在任何她出现的地方，公众都会被她举世无双的风采所倾倒。可以说，在很多年里，戴安娜这个名字就是完美的象征。反过来再看看卡米拉，她的容貌和美丽沾都沾不上边，当戴安娜如同一朵鲜花一样绽放在世人面前时，卡米拉已经是年华老去，步入中年了。但就是这个看起来毫不起眼的女人，打败了人们心目中的女神戴安娜，让世纪童话婚姻的幻象彻底粉碎。这一切，卡米拉究竟是怎样做到的呢？

不管戴安娜在多少地方比卡米拉优秀，但至少有一点，她永远也无法与卡米拉相比，那就是对查尔斯王子的了解。事实上，再尊贵再富有的人，他也是人，他也有普通人的弱点和情感需要。年轻、美貌，或许是吸引人的致命武器，但那些都只不过是外在的条件而已，真正重要的还是你能否使他的内心获得满足。

不管从什么方面来看，戴安娜与查尔斯几乎没有任何共同之处。

查尔斯是剑桥大学毕业生，对他来说，没有什么比安安静静坐下来，读一本充满睿智的心理学或历史学书籍更享受的事；戴安娜却是个连补考都不及格的高中辍学生。

查尔斯特别热衷马上活动，夏天马球，冬天狩猎，每星期三到四次，从不间断；戴安娜10岁那年在桑君汉公园骑马摔断胳膊，一朝被蛇咬，十年怕井绳，从此不好此道。

查尔斯爱听歌剧，戴安娜迷恋芭蕾；查尔斯痛恨的流行音乐是戴安娜的嗜好；戴安娜擅长的网球，查尔斯从来不玩。

查尔斯喜静，他可以拿着一小盒水彩颜料和速写本子，画上几小时，或者坐在河岸垂钓一整天，专等鱼儿上钩。

戴安娜好动，她愿意与人接触，与人交谈，特别是与家人和朋友打电话，电话线简直是她的生命线。

尽管查尔斯处事一向谨小慎微，轻易不使自己陷入情感纠缠，但作为“世界上最有条件的钻石王老五”，他的名字没少与绯闻扯上关系，在戴安娜之前，他曾先后与三任女友正式论及婚嫁。

相比较，戴安娜稚嫩得几乎可以做他女儿，这个刚刚跨出校门的小女生，从未倾心任何别的男人，感情的经历一片空白，是个根本还没长大成人的孩子。

卡米拉则不同，当她第一次与查尔斯见面的时候，就已经是个成熟的女人了，她懂得应该如何去对待这个虽然无比尊贵但却满脸愁容的年轻人，她知道他最需要的是什么。她似乎从不把王子的身份地位放在心上，她主动地与他交谈，一言一行都极为自然，从不做作，从不矫饰。在她的面前，查尔斯得到了他长期以来梦寐以求的东西：他终于能够彻底地放松自己，不必再受任何外在事物的困扰了。正是这一点使得卡米拉一下子就走进了王子的心里，成为了他“在这个偌大世界上最好的朋友”。同样吸引查尔斯的，还有卡米拉那独特的幽默感。她很爱开玩笑，无论什

么事、什么话题，只要经她的口中说出，立刻就会引来阵阵的欢笑。事实上，在他们相识的第一天，卡米拉就能使查尔斯仰头开怀大笑，并且以后一直如此。而这，对于在孤独与忧郁中长大、身上又背负了太多责任的查尔斯来说，无疑是非常重要的。

帮助卡米拉取胜的，是她非凡的韧性。她耐心地等待，在需要她沉默的时候，从不发出声响；而一旦查尔斯有需要时，她又会立时出现在他的身边。正是凭着这种几乎可以称得上是“坚忍不拔”的精神，卡米拉最终实现了她的目标：她彻底地摧毁了那场被视为神圣不可侵犯的婚姻，成了白金汉宫的新女主人。

很多人都喜欢戴安娜，同情戴安娜，但不可否认的是，像卡米拉那样的女人，更容易抓住男人的心。查尔斯王子与这两个女人的纠葛很有代表性，在我们周围，类似的故事也随处可见。有许多美丽脱俗的女人，在感情的战争中却常常是失败者，原因是她们美则美矣，却缺少了一股人间的烟火气，男人在她们身旁找不到温暖的、愉快的感觉，所以他们选择了逃离。

心理学家指出：“男人内心最迫切的需要是克服他的孤独感。由此男人特别爱恋能够理解并接受他生活的女性。”我们要提示那些在自己的婚姻中倾注了感情，期待能获得老公宠爱的女子，如果你是美女，不要掉以轻心，更不要因此就清高傲慢，男人最喜欢也最需要的，是那种有温度的女人；如果你对自己的容貌不够自信，也不要因此而灰心，性情之美，一样有足够的吸引力。

激活你身上的艺术天分，最好有一技之长

有句话叫做“长得漂亮不如活得漂亮”，的确，女人出身可以很普通，相貌可以很平常，但是却决不能让自己活得很平淡。

现代社会，满眼所见都是聪明人，都是修饰得体的淑女，如何在人群中亮出自己的风采来，可以说是个不大不小的挑战。

想想看，你身上除了性别、年龄、工作、职位这些固定的描述，还有什么更能代表你这个人呢？是特长，也就是说是别人都不行而你行或者别人都行而你更优秀之处，提起这项特长，熟悉的人都可以不约而同地和你联系起来。专业特长的影响是显而易见的，在每一个组织里，搞技术的人总有自己不可取代的位置。除此之外，就是在生活中培养起来的特长，比如体育，比如艺术，它们有时候看起来无足轻重，其实却最能体现一个人的个性魅力。

在哥本哈根的大街上，人们有时能看到丹麦女王玛格丽特二世的身影，丹麦人亲切地称她为“平民女王”，并认为她是最受丹麦公民欢迎的人。

玛格丽特生于王室，她的父亲斐德烈九世与她的母亲英格丽德王后使她从小就受到了良好的教育。她本人又天资聪颖，勤奋好学，她不仅精通英语、法语，专修了丹麦国家事务课，掌握了作为女王应有的知识，还

在丹麦空军妇女志愿队学习了有关知识，成为一个知识渊博、多才多艺的人。玛格丽特的兴趣爱好十分广泛。她喜欢的运动有：滑雪、击剑、柔道、体操、射击、跳水、打网球及田径运动。她最喜爱的运动还是跳芭蕾舞，她几乎每天都要练习一会儿芭蕾舞，每周都要同几个朋友一起跳一次芭蕾舞。

玛格丽特还特别喜欢绘画艺术。她在这方面可以说具有很好的天赋，早在上小学时，她就参加了国际儿童绘画比赛，并获得奖品。她为此高兴地跳了起来，从此，她对绘画的热情越发不可收拾。她系统地学习绘画的知识和理论，勤奋地钻研绘画技巧，苦练基本功。就这样年复一年，她对素描、油画都有较深的造诣，并有不少好的作品。随着她在绘画方面知名度的提高，不少出版社找她作画，她经常应邀为一些即将出版的小说、诗歌、童话、传奇故事等书画作插图，受到出版社和广大读者的高度赞扬。最为有趣的是，她还喜欢在方寸之间作画。如1970年圣诞节前，她设计和绘制了一套50张连环圣诞画的邮票。这套邮票构思新颖，画面安排精巧，人物形态各异。每一张邮票上都有一个以上的天使，这些天使形象逼真、形态飘逸，有的在吹奏乐器，有的在打钟，有的在擦拭十字架，有的在排练大合唱，还有的手擎蜡烛在列队前进……好一派圣诞节的欢乐气象！这套邮票深受人们的喜爱。

女王的艺术特长，使她更有亲和力，而普通女子的专长，则会使她在某个时间内拥有女王的风采。

在一家公司里，年底聚会时，大家都展示了自己的特长。他们中有的人会弹手风琴，有的会吹萨克斯，有的会唱歌，有的会跳舞，而且水平都不错。平日里看起来并不起眼的人，在这一时间也变得风采动人。尤其是一

个叫 Sunny 的女孩，会跳民族舞，会弹吉他，她虽然长得不漂亮，可是身上很自然地流淌出一种魅力，很多人都喜欢她，因为她也确实足够自信和优秀。拥有特长的人，不论男人还是女人都更加受别人的尊重和欢迎。

不要以为特长只是一种华而不实的东西，事实上，特长就是你的特色标签，让人们发现你，记住你，在这个过程中，一些本来可能降临到你身上也可能降临到别人身上的好运气，就很可能降临到你身上。

于佳的口才风度都很好，在学校的时候，她就经常在各类的演讲比赛中获奖，成了学校里的风云人物。毕业那年，于佳也是凭着这样一项特长进了一家知名公司的公关部。在公司里，于佳的特长得到了淋漓尽致的发挥，不论是应酬客户还是在公司内部活动，她的话总是那么富有感染力，让听者不知不觉就赞同了她的观点。每到逢年过节公司内部的联欢会上，于佳都担任主持人，在公司里，于佳是公认的才女。因此，她在公司发展得很好，提升得也很快，短短的三年，于佳就是这家知名公司的公关部经理了。

女性没有自己的一技之长，想从人群里脱颖而出是不容易的。“特长也是竞争力”，如果你想让自己在这个竞争激烈的社会上拥有更多的竞争力，如果你不想只做一个平常的女人，那就应该关注自身的成长，让自己尽量地拥有特长。

特长的另一个作用，是可以让你以一技之长会尽天下之友，在自己的同学圈子、职业圈子之外，再拥有一个同好者的圈子，接触到各行各业的人，开阔眼界，增加阅历。

那些懂得去培养自己特长的女性，都是聪明、勤奋且上进的女性，她们懂得如何使自己的生活更加丰富多彩，而且她们也确实通过特长在一

定程度上改变了自己的生活。

当一个女性立足于社会，要努力把自己推销出去的时候，笼统而泛泛地向别人介绍自己，并不一定能给人留下太深刻的印象，除非你异常出色，或者你立刻就有表现的机会。而“强化”自己的特长，不但能给人具体而直观的感受，也更容易引起别人的兴趣，体现出你的卓尔不群。

有激情的女人不会枯萎

生活中，我们常常可以看到这样一种类型的女人：她们是被众人公认的贤妻良母般的好女人，然而他们身边的男人，却似乎身在福中不知福，要么是已经离开她另觅新欢，要么就是勉强维持着不咸不淡的日子。

这些贤惠的女子，为什么吸引力如此之差呢？

是的，她们安分守己、吃苦耐劳、温顺体贴，然而糟糕的就是她做错了一件事——她在男人眼中，不再是一个女人，也不存有一点女性的激情和娇媚。

这样的女人，未老先衰，从来不曾拥有花朵一般鲜亮的颜色，而那些富有魅力的女性，却从来都是热情洋溢，时时都给人一种新鲜的刺激的感觉。

美国上一任国务卿赖斯生于1954年，她活跃在政坛的时候，早已经

不是年轻的小姑娘了，但她一向给人一种活力四射的感觉，连外号都够酷——“好斗的公主”。

在外交领域，赖斯长袖善舞，足智多谋。她是布什的“导师”和“秘密武器”，美国很多对外政策出自她的“锦囊”。尽管如此，赖斯依然保留着鲜明的女性化特点，她是美国政坛的女明星，其感情生活就一直是人们热衷的话题。赖斯48岁的时候，被媒体报道与一位男士交往甚密，这位男士，就是前著名美式橄榄球运动员吉恩·华盛顿，他现在的身份是美式足球联盟的高级管理人员。

据称，华盛顿和赖斯是在斯坦福大学时的旧相识，当时赖斯是政治学教授兼教务长，而华盛顿是体育事务专员。多年来两人一直保持联系，还时不时一道参加社交活动。在采访中，华盛顿在字里行间透露出对赖斯的欣赏：“我们是多年的好朋友，彼此相处很愉快。她和我在一起很放松，我们彼此十分了解。赖斯逻辑清晰，条理分明，处事果敢，她给每一个人都留下了深刻的印象。”

在华盛顿眼中，赖斯还是个完美主义者，“有时她会问我：‘我的头发可以吗？’我会说：‘有一小根没梳好，不过没人会注意’。”

像赖斯这样又有政治家风范，又有女性情趣的女人，有几个护花使者并不奇怪，比起那些虽然年轻却像白开水一样淡而无味的女性，赖斯自有她独特的吸引力。

男人们寻找他的伴侣时，总要求对方知情知趣，能够了解他的心意，与他有共同生活的乐趣。她应该是他心目中的理想，是他精神的寄托。她有时迁就他，但有时也管着他；有时爱他，有时也要骂他。

宋家明是一位有名的钻石王老五。他外表不是很英俊，但每月五位

数的薪水，外加公司专门给他配备的宝马以及三居室的靓宅，对女孩来说还是很具诱惑力的。他大学毕业之初，曾在国有银行的总部做外汇管理工作，周游过列国，见多识广，对老婆的人选极为挑剔。既要受过高等教育，又要年轻靓丽，既要温柔贤淑，又要善解人意，气质要好，皮肤要好，性格也要好，按他的标准，没几个女孩合适，因而他的身边美女无数，却没留下一个。不曾想如此挑剔的男人，却被一个外表普通看似没有什么特别的小女子收服，归入囊中。

女孩叫蕙蕙，热情活泼，一笑俩酒窝，邻家女孩的感觉，很亲切，很舒服。蕙蕙是通过一个漂亮的女孩，也就是宋加明的前女友心怡认识的。他和心怡好的时候，蕙蕙刚好和她住一起，偶尔在家的时候会碰见他。她和心怡关系不错，所以遇到他的时候经常开些玩笑，拿心怡取笑他，或娇憨地对心怡说你的男友好狡猾好坏之类的戏言。她没有心怡漂亮，也没有心怡文静，但风趣好动活泼热辣的个性很容易就把男性的目光吸引到自己这边来，宋家明也不例外。他开始喜欢这个有意思的小女人，喜欢她顾盼流转的眼神以及嘻嘻哈哈眉飞色舞的快乐，相形之下，心怡显得有些乏味。

宋家明是怎么和心怡分手和蕙蕙好上的，外人不好妄加推测，但谁都看得出来，他完全被蕙蕙迷住了。

宋加明直言，见过美女无数，却不曾见过狐媚如蕙蕙的女子，总有一些小动作，一些软言细语撩拨得你心旌荡漾，想入非非，和这样的女人生活在一起，总会有些意想不到的快乐。躺在床上，正心烦意乱睡不着觉的时候，她会跑过来坐在床边跟你说：宝贝，你睡吧，我来拍你，就像小时候，然后一边轻轻地拍你，一边轻轻地哼起了催眠曲；或者你正在刷碗，她从后面抱住你，用脸不停地摩挲你的后背，然后告诉你：亲爱的，有你，

我觉得真幸福。让人觉得特满足。

男人对女性的要求非常耐人寻味，明达的人早就有总结：当他们和一个风尘女人在一起时，希望她温婉娴雅，像一个良家女子；当他们和一个良家女子在一起的时候，又希望在她身上看到荡妇的风尘味道。当一个女人成为一个男人名正言顺的爱人时，她那和身份完全吻合的勤谨、贤惠、不温不火的表现，在他的眼里会慢慢变得索然无味。在男人的潜意识里，无不渴望女人偶尔变变脸、出出格，给自己带来一种完全不同的感觉。女人的风情，女人的性感，全在这种改变中流露。

优雅女性身上没有年龄的界限

优雅是一种恒久的时尚。

优雅的女人像茶，品味过后是令人回味的芳香，优雅的女人又像一口井，她的魅力不是别人一目了然的，她会留给别人无穷的想像空间。当优雅成为一种自然气质时，这位女性一定显得成熟、温柔又善解人意，无需太多的言语就能与你进行心灵的交流，达成心灵的默契。

优雅是一个人性情气质的自然流露，是一个人内在文化素养与外在表象的完美结合。优雅也不是不食人间烟火，它具有人性的所有温暖，同时也充分体现了人性的脆弱。当我们眼前出现一个优雅的女人时，我们

的眼睛会猛地亮起来，心也会为之一动，因为优雅让人感受到美的不可多得，所以显得弥足珍贵。

20世纪的中国，没有谁比宋庆龄更有资格当选优雅女人了。作为孙中山先生的夫人，她漫长的一生几乎绵延了整个世纪。1893年出生、1981年逝世的她同这个世纪里中国和世界上的许多重大事件紧密相连。更可贵的是，她始终以自己高贵的人格、美丽的精神和优雅的气质征服了所有人——无论是朋友还是敌人。如果你用心审视宋庆龄的每一组照片，你会惊叹于她的优雅无处不在。端庄、娴静、优雅、稳重，即便是俯身喂鸽子，空气中也弥漫着柔软、舒适和雅致的气息，令你沉醉而被深深吸引。悠悠百年，优雅的女人不计其数，但宋庆龄是其中的上品。

宋庆龄的优雅，是一种浸在骨子里的气质，来自于她对于生活的敏感性和对自己一贯的高尚品位的坚守。曾经采访过宋庆龄的安娜·路易斯·斯特朗在文章中这样形容宋庆龄："即使是很轻微的失礼行为，也会使她感到难受。"

建国后，北京宋庆龄的住宅，经过她亲手的布置显得无比雅洁，她的卧室里摆着人偶娃娃，悬着她自己做的针线，梳妆台上搁着璀璨的香水瓶，暗影中发出莹彩……

宋庆龄的日常娱乐活动也与众不同，她喜欢弹钢琴，尤其喜欢贝多芬的曲子；和身边的工作人员一起打康乐球，乐此不疲；宋庆龄的另一项娱乐是看电影，《魂断蓝桥》、《大地》等几部片子都看了数遍，在她的家里有专门放电影的一个房间。

即使在那极左、极革命的岁月，宋庆龄也会在最坚硬的空间里，营造一份不可多得的柔软与优美。

提到优雅还不能不提到夏奈尔女士，是的，正是这个女人创造了那么多奇迹，不为她自己，还为众多的女性。夏奈尔系列香水和夏奈尔服装的诞生，具有开创性的历史意义。它典雅、简约的美感几十年来征服了全球数亿妇女的心。值得一提的是，夏奈尔是一个极优雅的女性，浅黄色的头发温柔地盘在脑后，十分美丽。在对待工作一事上，她一丝不苟甚至达到了严厉、苛刻的地步。这样的优雅，让人觉得可爱也可敬，她让女人们的身体和心灵同时从沉睡和桎梏中醒来，并懂得了自尊与自爱，更懂得了工作着的幸福与独立价值。

优雅是没有年龄的，生于20世纪初的杨绛女士，就是一个非常优雅的人。杨绛的学养贯中西，她与钱锺书先生一起，辉映着20世纪中国的知识界与文坛。在相继失去两位亲人后，90多岁的老人仍心境平和地著书立说，世间的沉浮变幻，于她都是过眼云烟。

女性的优雅，是文化底蕴、素质修养的升华。在现实生活中，有相当数量的女人只注意穿着打扮，并不怎么注意自己的气质是否给人以美感。诚然，美丽的容貌，时髦的服饰，精心的打扮，都能给人以美感。但是这种外表的美总是肤浅而短暂的，如同天上的流云，转瞬即逝。如果你是有心人，则会发现，优雅的气质给人的美感是不受年纪、服饰和打扮局限的。现代的女性越来越讲究“内外兼修”，在气质的修炼上纷纷找准从“文化”入手的捷径。于是，女人的气质便演化为高贵、性感、情趣、妩媚和神秘，让人们在欣赏这样的女人时怀着一种敬畏，一种仰慕。

优雅的境界很高，入门的资格却没有什么限制。曾听人说起过俄罗斯女郎的浪漫与优雅，哪怕她贫困得只剩下一个卢布，也要为自己买一枝玫瑰花，而不是一块可以充饥的面包。这样的优雅让人吃惊，也让人感动。

性感不必太精致，回归原始的性别之美

有些女人对于自己是否漂亮迷人，很大程度上来自同性的赞评，而缺乏异性的认同。这是一个很大的错误。男人和女人的审美观截然不同，要知道男人真正喜欢什么样的女人，就要正确面对男人和女人心理上的差异。

男人，不论他是不苟言笑的社会精英，还是风流成性的花花公子，只要他是一个心理和生理都正常的男人，他们都喜欢那种具有浓郁的女人味的女人。男人看女人，和女人看同性完全是两回事，一个被同性欣赏倾慕的高贵典雅的女子，可能在男人那里并不讨好；一个在同性眼里平庸无奇的女子，在男人眼里可能就是妖娆的尤物。

男人其实喜欢女人不经意间流露的性感，而不是那种仙女般的美丽，更不是血红和苍白的化学描绘！一般情况下，男人看到打扮得太过精致或化妆痕迹明显的女性，都没有亲近的欲望，不管她长得有多完美。没有几个男人真正喜欢化妆得太精致的女人，因为男人要的是活色生香的女人！而非工艺品。对于一个女子来说，想要吸引男人，一定要肉感强些，看起来自然些。除非，你的目的是想出位，就五彩缤纷吧。

女性看人，特别注重局部，比如说某某的眼睛是双眼皮很好看，比如

说某某的鼻子很好看，比如说某某的细腿很美。但这些对于男人来说显得过于琐碎了，男人视觉喜欢立体的美。我们所说的立体不是刚硬的，而是散发着柔和气息的美。通常男人会说，这个女人很有味道，这个女人很性感，这个女人很耐看。

女性自身所散发出来的韵味也是很重要的，这就是个人魅力所在。有些女人为什么看起来很漂亮却没有男人缘？那也许就是工艺品化了，像不食人间烟火似的，男人当然不会动心了，只会叹为观止。总之，女人的个人魅力比美丽容貌更重要。

欣欣最近忙于面部整形。年过35岁的她，从美容院学来的理论是：女人一过35岁，身体的各项机能都开始下滑，容颜易老、身材走样，要依靠人工技术才能维持美丽形象；否则，让老公看见你越来越多的皱纹，越来越下垂的胸部，难保不会生出厌烦。为此，欣欣先做了下眼袋抽脂手术。

手术还算顺利。只是之后的十来天里，欣欣的面部都是铁青色的，让老公很不适应。都说一旦开了整形手术的闸就能上瘾，果然，欣欣也一发不可收拾。随后，她又去做了隆鼻术，而且隆胸、全身抽脂等都在她的计划之列。

当她把这个庞大的计划告诉老公时，老公像看陌生人般对她说："我怎么越来越不认识你了，你还是我当初娶的那个女人吗？"

女人常常会误会男性的注意力都在外表上，但对男女之爱来说这只是部分原因。著名的男演员濮存昕曾经说过："作为男人，我们其实更盼望看到这样的女人——她可以长相平凡，只要她会微笑，平易近人；她可以身材一般，只要举止得体、仪态动人；甚至，她不必作多少装饰打扮，不需要穿金戴银、点珠缀玉，只须收拾清爽、通体干净，一样能让人感到她

是山明水秀的俏佳人。”

别听信一些广告的宣传，我们应该明白：第一，年华不会逆转；第二，失去年轻的容颜并不像你想像中的那么可怕。

爱自己的女人，魅力永远不会老去。在那个“不爱江山爱美人”的传说中，使英王爱德华先生放弃王位的辛普森夫人，那一年已经三十七岁了。女人在每个年龄段都有其独特的美，清纯可爱或者优雅大方，有着不同的吸引力。

在国外，有人把皱纹称为“鹅的足迹”，并不把它当作眼中钉对待，有些女子眼角旁的皱纹还是她们精心模仿出来的。这种皱纹，不一定损害美容，它还铭刻下了生活中的喜和悲。既然如此，就以你自己的脸为出发点吧。其实，脸是自己制造的，法国男性和法国女性都对眼角的皱纹持宽容态度。由克洛德·鲁鲁休导演的电影《男女的诗》中的女演员弗朗索瓦兹·阿比安，的确充分发挥出了40多岁女人的魅力，可以这样说，这种魅力正是她的“鹅的足迹”似的皱纹衬托出来的，由于那些皱纹，她的笑才更加醇美、浓郁和深沉。她那洗练的艳丽气质，由于脸上的皱纹而生出无限春色。许多法国男子都为她倾倒，这充分证明了皱纹的效果。

其实，也许外貌条件并不能使你尽失美丽，但沮丧则使你失去了更多的魅力。女性的性感是由多方面的因素构成的，而自信是其中极为关键的一点。

保持一种嗜好，给自己放松的机会

有些女人五官也很标准，身材也很苗条，可是给人的感觉，总是很“生硬”，很“麻木”，擦不起感情的火花来。她们所缺乏的，是一种生命的情趣。

女人年轻时，不仅要让容貌可人，你的情趣，更是提升魅力的法宝。一个有文化、有修养、有情趣的女孩，其魅力可保持终生。

很多人也许会误会，认为没情趣女性就是那些无知无识的乡下妇人，事实上，情趣更多地表现为一种生命的张力，当一个高贵的知识女性被一种刻板的生活所包围，被一种不变的形象所束缚时，在她的生命里已经出现了枯燥乏味的迹象，如果不作出调整，生活的情趣将离她越来越远。

《飘》的作者玛格丽特·密切尔当年是《纽约时报》的一位版面负责人，她每天应付的就是应接不暇的稿件，以及挑选，组合，排版，一天到晚工作总是满满的，心中的厌倦感与日俱增。

她非常重视自我形象，请专门的形象设计师为她设计，尽管在大家的眼中她确实是个既漂亮又能干的女强人，可她总认为自己身上似乎少了一些东西，却又不能把它确切地说出来，因而对生活也开始丧失兴趣。

一年,在一位朋友的苦心开导之下,她犹豫再三决定休整一下,外出度假,地点就在科罗拉多大峡谷。

当她度假归来后,她的同僚们发现她比起以前来像是换了一个人一样。一天到晚总是轻松愉快的,也不再浓妆艳抹,专门的设计师也取消了。而她的形象却似乎更加光彩照人,一种平淡自然的味道总伴着她。

大家向她打听到底发生了什么事促使她改变,她微笑着说:

"我是带着一种失望的心情去度假的。可当我一下飞机看到那峥嵘荒凉的群山,苍茫辽阔的大地时,我的心一下就感动了。我似乎又做回了以前的那个乡下姑娘,肆无忌惮地跑来跑去,一切的一切对我来说都是那么新鲜有趣。

我光着脚在河边抓鱼,与朋友一起驾车打猎,每天可以睡到任何时候,没有任何禁忌需要遵守,甚至我还蓬头散发地跑来跑去,我以为那样的形象才是最和谐,因为这与大自然贴得最近。这就是风度。"

接触一种不一样的生活,可以让女性发现自己,更加喜爱自己,然后以更加充盈的活力与魅力,面对自己的未来。

更多的女性会选择独身旅行的方式度过自己的闲暇时光。她们认为单独旅行不仅处处摄取新知,更是一种自我探索,与陌生的外界相对,绝对能够培养自律、训练自信,感觉生命的完整。只有更多地感受生活形态,才能明白自己真正适合什么样的生活。在与大自然近距离的亲密接触中,女性的自我料理能力将愈加增强,心灵将愈加健康而自由。

为了不让自己的魅力枯萎,女性朋友在开阔眼界的同时,可以选择不同的方式为自己充电。注意时事、关心环境、了解政治、接近人文,新世纪女性拥有热切求知的好习惯,书籍、电影、信息光碟、网络将是她们最

好的伙伴。一个知识与智慧、美貌与才情兼备的女人才会充满了活力与信心，也才会真正对男人有吸引力。

退而求其次，女性保持一些健康的嗜好，也会使自己的生命更有一种真实的感染力。当你喜悦地、专注地去做一件事的时候，你的存在才会有特色，你自己才更有自信。有魅力的人首先要有特点，不然怎么能显出你卓然不群呢？其实你爱干什么都行，只要你能干出点特色来就成。

可以爱的东西多的是，可爱的小把戏也多的是，你学什么都可以的，只要肯用心就行了。比如欣赏音乐、搞特色收藏、插花、手工等等。只要你平日多用点心，从身边简单的事情做起，就能慢慢培养自己的情趣、品位。

女人有很多美丽的时候，一个专注地做一件事的女人也是美丽的。那些事业有成的男人，当然不会希望自己所爱的人是一个很无聊、很乏味的人。他希望的是看到自己心爱的女人专注于一件自己热爱的事业，哪怕这事业仅仅是冲一杯咖啡，织一件毛衣，甚至是插一个花篮。让他安静地坐下来，沉浸在对你的欣赏中，这难道不是一件很幸福的事情吗？

情趣的价值不是附庸风雅，而是通过善待自己、充实自己，从而使你充满一种与众不同的吸引力。男人的心其实是很奇怪的，如果你一天天无所事事，只想粘着他，他会觉得不胜其烦，但是当你收回放在他身上的心思，专注于自己心中所爱时，他反而会对你充满兴趣。

每个青春洋溢的女孩，看起来都是那么清纯可爱的。但是等她们变成成熟的女性时，有魅力的女人和没有魅力的女人之间的差别却非常之大，年轻的女孩着意栽培自己情趣之美，是让自己永葆魅力的最重要的秘诀。

培养幽默感，做个有趣的女人

一个优秀的男人，一定是个懂得幽默的男人，那么女人呢，一个聪明的女人一样需要幽默来装点自己，幽默的女人是聪明的。

英国著名作家、短篇小说大师曼斯菲尔曾经说过：疯狂或死板严肃都是不对的，两者都嫌过度。一个人必须永远保持幽默感。

幽默往往是有知识、有修养的表现，是一种高雅的风度。大凡善于幽默者，大多也是知识渊博、辩才杰出、思维敏捷的人。她们非常注意有趣的事物，懂得开玩笑的场合，善于因人、因事不同而开不同的玩笑，能令人耳目一新。

一位名叫阿丽莎的年轻女士花了将近一年时间，去筹划她的婚礼。她和未婚夫把婚礼安排在一个非常漂亮的宴会厅举办，邀请了300多位客人参加这次豪华的婚礼。为了把婚礼办得非常完美，她对每一个细节，比如客人喝鸡尾酒时用什么纸巾这类琐事，都要亲自把关。

婚礼进行得非常完美，直至那块非常昂贵的结婚蛋糕滑落在地。巧克力和奶油溅得满地都是。所有的客人都料定阿丽莎会失声痛哭。可让大家感到惊讶的是，阿丽莎低头看看地上破碎的蛋糕，开始笑出声来，随后就幽默地对大家说道："嗨，我原来是想订一个可占这么大地方的香草

兰蛋糕！”

因此，你也要允许你自己开怀大笑。当你的生活中充满了幽默后，你就会惊喜地发现，你的生活也随之变成了喜剧。

幽默能激起听众的愉悦感，使人轻松愉快。可活跃气氛，便于双方交流感情，并在笑声中拉近双方的心理距离，让人感觉你很有亲和力，愿意与你交往。幽默还可使矛盾双方从尴尬的困境中解脱出来，打破僵局，使剑拔弩张的紧张气氛得以缓和平息，使你获得更多的朋友。它的一个显著特点是通过轻松的形式表现智慧，显现出深刻的意义，在笑声中给人以启迪，产生意味深长的趣味。

在男人与女人的二人世界里，如果你失去了幽默感，那么距离你们之间疏远的日子也就不远了。而运用幽默的交流方式，你可以通过一种妙趣横生、诙谐幽默的方式告诉男人：作为一个女人，你有自己的安全感，你心态平和，有足够的自信。

贝拉在跟一个做建筑工程师的男人约会，两人在第三次见面时，他就开始批评她指甲油的颜色了。贝拉笑道：“太晚了，意见部门已经下班了。不过你明天可以发一份传真，说明你的意见，我们把它保存在那边的意见箱里（当时她指着厨房里的垃圾桶）。”现在，两人仍然在一起，他已经彻底迷恋上她了。直到今天，贝拉仍然在涂同样颜色的指甲油。

如果你不是一味地为自己辩护，而是一笑置之，会让他更加尊重你。正是在这种情况下，才可以反映出你是否拥有自信。女人的自我解嘲所营造的轻松气氛会让他感兴趣，因为他认为她会是令人愉快和非常风趣的。

现代女性已经完全走出了家庭，不在是专业的家庭主妇，在各个领域都端坐着许多出类拔萃的佳人，经过动荡岁月的冶炼，在生活中淘炼

出达观的人生态度。这样的女人知道如何周游于社会的每个角落，幽默不是餐桌上低级的笑话，也不是舌根下无聊的怨言，幽默是一种尺度适当的娱乐，是一瞬间闪现的光彩夺目的火花。

2006年4月中国国务院副总理吴仪为缓和两国贸易紧张气氛赴美国签署采购订单，她在华盛顿对满屋子的媒体记者自我介绍时说："主席台上男士的数量超过了女士。"她接着面无表情地说："所以很显然，我现在处在弱势地位。"助手翻译了她的话后房间里短暂的沉默之后，爆发出一阵笑声。

轻松幽默的话题，往往能引起感情上的愉悦；庄重严肃的话题则会使人紧张慎重。只要有可能，最好能把庄重严肃的话题用轻松幽默的形式说出来，这样对方可能更容易接受。

幽默是具有智慧、教养和道德上优越感的表现。真正幽默的人，其实是自信的人，不怕受人嘲笑，而且非常善于自嘲，这种自嘲实际上是建立在自信的基础之上。

如果你是一个性格比较内向、心理障碍较多的人，与其做一个带有一些不可改过的缺点的女人，那么在人际交往中不妨学着去自嘲，试着去创造一点笑声。能笑自己、对自己做趣味观的人，才是真正的幽默高手。

幽默是烦恼的克星。幽默改变我们灰暗、消沉的心境，帮助我们找回自信、激情和兴致，使我们精神爽朗、心情舒畅。幽默的力量在于调节，它能在领悟全部人生内涵之后，创造新的气氛，以带来可贵的心理平衡。

第六章

跟第一夫人学口气：

出众的社交技巧为你赢来更多的拥戴者

“中国刚刚富裕起来的一代人对所谓“贵族”和“格调”的认识还多么肤浅。我见过不少拿腔拿调，只会用名牌包装自己的人，也见到过到英国念书，希望沾点贵族气的孩子，骄傲无礼让人头痛。也许我们忘了最高贵的格调是自然真诚。”

——中国传媒精英杨澜

最能打动人心的是善意和真诚

当你想要和一个人交往或回想起一个人的时候，你多半首先想到的是这个人诚实与否。女人细腻的感情和害怕受欺骗的心理，更需要结交诚实的人。然而，一切事情都是以心换心的，就是你付出了真诚，对方才会真诚地待你。所以作为聪明女性的你，不妨在他人面前，把自己真诚的一面表现出来。一个真诚的女性是值得让人尊重和欣赏的，在你的交往中，别人可能正是因为你的这一特性，才决定与你成为至交，或正因为此，你才能在事业上一路畅通。

真诚的人是让人信任的，一个真诚的女人更容易博得众人的好感。女人会因为真诚而美丽，善解人意、真诚的女人会有更多的人喜欢与之交往，值得依赖。

现任美国总统奥巴马的夫人米歇尔是位个性健康的明亮女人，真挚而诚恳，从不矫情、造作。一般选民会觉得，希拉里离自己很远，这也是奥

巴马的竞争者克里和戈尔等人的政治宿命，都给人疏远感，也让选民厌倦。这种感觉说好听一点是“远”，说难听一点是“假”。而与太太情趣相投的奥巴马给人感觉是那么真实而亲近。当然，这与他太太的感性影响与渲染有关，她是第一个爆料自己丈夫不会整理床铺的第一夫人，这些小细节为奥巴马平添了几分人情味。米歇尔基本不谈政策纲领，而是打人性牌，大谈奥巴马睡觉鼾声大、早上起床时口臭令女儿不敢接近等趣事。即使夫妻一起上电视做节目，也是可以谈笑风生，彼此打趣，不时自然而然地显露出很淳朴、单纯的一面。总之，尽显“不装”的率真一面。奥巴马是理性与感性的统一，他既有很强的感染力，也有很强的自控能力，奥巴马所说的话，几乎听不到八股文的味道。最重要的是，他与夫人一样没有故意掩饰自己，或故作神秘状。记者问：获胜后，太太说了什么？奥巴马幽默地说，她说“那你明早上还送女儿上学去不啊？”第一夫人大笑：“我没说，我可没这么说啊！”夫妇俩眼神里交流的是真挚的感情，默契而生动。

你越真诚，别人就会越喜欢和你交朋友；你与他人的关系越亲密，你们之间的感情就越深厚。真诚地付出关怀真的能敛聚很多人气。

真诚是要付出行动的，而不是嘴上说说而已。好听的话每个人都会说，看一个人真实与否最重要的是看她为人处世的态度。一个人的行动往往能表现出她的内心，所以一切的伪装总有被别人看穿的时候，与其那样，不妨拿出一颗真心去换取别人的信任。

有的人号称其朋友无数，可是，一到大难临头，朋友便各自飞散。那究竟是什么导致这种局面呢？

寻求根源，主要是这种人不受朋友所真心欢迎，只是表面的，而不是从内心被人所认同。

因为他没有诚意的态度去打动人，而是过于注重形式主义，给别人一种不信任的感觉。而那些能够抓住朋友的心，赢得别人尊重的人，都是一些以人格的力量、诚挚的态度对待朋友的人。

真诚地付出你的关怀并不是很难，最基本的有以下几点：

(1)说话不要“拐弯抹角”

在和朋友交流的过程中，即使你和对方的意见和看法不一样，也不要隐瞒和矫饰，更不要随声附和，或者“拐弯抹角”。因为，这样不仅不利于和对方顺畅地沟通，还会给人不诚实和生分的感觉。

纵然是在指出朋友缺点和批评朋友过失的时候，也应该真诚而明白地指出来，这样不仅不会伤害对方的感情，反而有助于增进友谊和加深关系。

(2)赞美但不要奉承

当朋友事业有成或者有什么高兴事时，在适当的场合和时间给予真心诚意的祝福和赞美，并与之共同分享快乐，但是千万不要认为所有的好听话都会受到欢迎。其实，一个人真正想从朋友那里得到的是善意的忠告和警诫，而不是华而不实的恭维话。很多人就是从别人说的话中来判断是否和对方成为朋友的。

(3)安慰并给予实际的帮助

当别人遇到困难的时候，给予亲切的安慰和实际的帮助更能体现一个人的真诚。当对方心情不好或者遇到麻烦的时候，如果你说的既不是安抚和宽慰对方的话，也不是帮助对方解决问题的建议，而是些不着边际或者无关紧要的话，那别人肯定会觉得你是一个“事不关己，高高挂起”的冷漠者。你怎么对别人，别人也会怎么对待你，从此以后，你就不要

指望别人会真诚地对你了。

(4)站在别人的角度上思考

不要只想着从别人那里得到关怀，应该多为别人考虑。在你说一句话、下一个决定、做一件事情的时候，尽量站在别人的角度上思考一下，顾及别人的感受，衡量别人的得失。只有这样，你才不会伤害到别人，别人也会因此对你心怀感激，把你当作好朋友。维也纳心理学家爱佛瑞·艾德纳，在其著的《人生真义》一书中就曾说过："只有不懂得关怀别人的人，其生活才会面临真正的痛苦，甚至伤及他人。人类之所以充满失败，正是由这些人所造成的。"

如果你希望别人喜欢你，就必须真诚地付出你的关怀。社交需要技巧，但以心换心才是一个必要的前提，尤其是对于女性朋友，一个温柔的、善良的女人，即使偶尔会出一些小小的差错，人们一般也不会和她太较真儿了。

谈吐优雅的女性，气质更迷人

优雅的谈吐就像整洁的仪表，会使人觉得十分愉快。如果你能习惯运用文雅的辞令，即使偶尔开个玩笑，说些俏皮话，对方仍旧能够感受到你内在的涵养、气质，而乐于与你交谈。

相反的，如果你行为举止草率，满口粗语，则会让对方认为和你谈话是件辛苦的事，甚至是浪费时间。因此，平日应该练习谈话的技巧和优雅的举止，给对方留下良好的印象。

一个女人所说的话是否有魅力，直接影响到她是否对对方具有吸引力，也关系到她是否具有良好的人缘，同时还影响到她能否自如地与别人说话，并表现出足够的自信。谈吐优雅的内容是十分广泛的，所说话的内容，说话时的选词造句，说话的语气、语调，说话时的身姿、手势、表情等等，诸如此类的种种因素都可以反映出一个女人说话是否有魅力。

态度大方、谈吐优雅的女性，身上仿佛有一种神奇的“气场”，即使初次见面的人，也会被她所吸引，而她本人也会因之拥有更好的舞台和更大的空间。

要想做一个有魅力、谈吐优雅的女性，首先就必须培养自己良好的说话的风度。所谓说话的风度，是一个女人的内在气质在言语上的表现，是一个人的涵养的外在表现。使自己的说话具有风度，是增强自己说话魅力的重要途径。良好的说话风度，往往具有很大的吸引力。但是同时要注意，你也不要为了风度而风度，结果让自己反而显得矫揉造作或搔首弄姿，毫无风度可言。你应该按照自己的个性、身份，以及说话的对象和说话的场合，适宜地讲究自己的风度。

女人在与人谈话时应该知道：不要揭露他人的隐私，更不要随意“攻击”别人。这才是真正的优雅。

有一位女施主，家境非常富裕，不论其财富、地位、能力、权力及漂亮的外表，都没有人能够比得上，但她却郁郁寡欢，连个谈心的人也没有，于是她就去请教一位禅师，如何才能具有魅力，以赢得别人的欢喜。

禅师告诉她道："你能随时随地和各种人合作，并具有和佛一样的慈悲胸怀，讲些禅话，听些禅音，做些禅事，用些禅心，那你就能成为有魅力的人。"

女施主听后，问道："禅话怎么讲呢？"

禅师道："禅话，就是说欢喜的话，说真实的话，说谦虚的话，说利人的话。"

女施主又问道："禅音怎么听呢？"

禅师道："禅音就是化一切音声为微妙的音声，把辱骂的音声转为慈悲的音声，把毁谤的声音转为帮助的音声，哭声闹声，粗声丑声，你都能不介意，那就是禅音了。"

女施主再问道："禅事怎么做呢？"

禅师道："禅事就是布施的事，慈善的事，服务的事，合乎佛法的事。"

女施主更进一步问道："禅心是什么心呢？"

禅师道："禅心就是你我一如的心，圣凡一致的心，包容一切的心，普利一切的心。"

女施主听后，一改从前的骄气，在人前不再夸耀自己的财富，不再自恃自我的美丽，对人总谦恭有礼，对眷属尤能体恤关怀，不久就被夸为"最具魅力的施主"。

最重要的是对人要尊敬，要诚恳，要设身处地为别人着想，也就是谈话时要掌握分寸，避免任何可能伤害别人的成分。即使对方确有缺点也不可抓住不放，喋喋不休，礼貌的做法只能是委婉批评，适可而止。总之，不论谈话内容如何，只要你对别人尊敬，就能得到相应的回报。

人生在社交中度过，话语交流伴随着人生的每一刻，每个人都时刻在实践着话语交往，优雅的谈吐不仅是你生活的调味剂，而且是你事业的推进器。

倾听是女性最具亲和力的姿态

对于那些能在社交的圈子里如鱼得水的人，我们常常误解他们是会“说”，其实对于一个真正的社交高手，会“听”比会“说”还要关键。

良好的倾听意味着集中和配合。以前有一种理论，想要赢得男人之心的女子，只要在他描述自己的得意之作时，抬起头注视着他，同时喃喃说出类似“你真了不起！天啊，你真是天才！”的话语就成了。她表现得越愚蠢，他就越倾心。这个脚本已经有点改变了。时下有太多的女人在某种场合同样独当一面，而且觉得从一个精明的女强人转变成愚蠢的小女孩有点一时转不过弯来，而男人似乎也变精明了，懂得区分真正关心他在说些什么的女人和装傻想要敷衍他的女子。因此，如果你想要赢得一个男人的心或影响他，可不要在他需要一个聪慧的听者时，对他耍出做作的那一套。

许多女人不明白的是，听人说话并不只是默不作声地坐在那里或者不论对方说什么都一味赞叹。听人说话也要讲究“品质”，是一种“积极

性”的倾听。如果你是一个真正娴熟的听者，你就会懂得如何配合说话者的节奏，并对他施以温和的影响力。

梅琳达·弗兰奇的名字不是特别响亮，但是她的丈夫，就是长期处于全球首富位置的比尔·盖茨。

梅琳达相貌“平平”，身材也“一般”，但是“聪明绝顶”，非“一般女子”可比。在嫁给盖茨之后，梅琳达便做起了专职的太太。她为盖茨生下一双儿女，还管理着盖茨豪宅的日常工作。梅琳达把家里收拾得十分温馨，还建了一个家庭图书馆。

梅琳达认为她一生的职责就是帮比尔成为他理想中的那个人。她经常温柔地鼓励他赞赏他，为他增添了信心与力量，使他支撑起微软帝国的庞然大厦。她深知，一个成功男人的妻子责无旁贷的一件事情，就是让她的丈夫把在工作中受到的委屈向她发泄出来。所以，梅琳达也会成为比尔紧张与困乏时的“安定剂”与“加油站”。

一次比尔回家，很神经质地对她说：“梅琳达，这是一个伟大的日子，公司的一些员工竟嚷着要我将那份区域报告公布于众，而且……”“真的吗？”梅琳达装作心不在焉的样子，“那真好，吃点酱牛肉吧。亲爱的，我有没有告诉过你有些员工是很难缠的？”“当然了，梅琳达，像我刚才说的，包括鲍尔默，有时都要踢我的屁股。起初我被他们弄糊涂了，但我最终发现，他们是想要我为他们加薪。”

梅琳达告诉他：“我认为他们不是很了解你、重视你，这种事在各公司经常会发生，不必太在意。比尔，我想你应该与珍妮佛谈谈她的成绩单，这学期她的成绩太让我感到意外了。”这时比尔发现，梅琳达并没有对此感到焦虑，这说明问题并不严重，于是他把酱牛肉吞进了肚里，平心

静气地与女儿交谈起学习成绩来。

善于倾听的女人，不仅能够给自己的伴侣最大的安慰，也同时拥有了无法估量的社会资产。一个文静、不矫情的女人对别人的谈话着了迷，她所发出的问题显示她已经把谈话中的每个字都听进去了，这种女人最容易在社会上成功。

相对而言，女性语言感觉比较好，若要让她们闭上自己的嘴而聆听别人的心声，这似乎有些困难，但唯有如此，才更能表现出倾听这一姿态的可贵之处。

那么，到底以何种方式聆听，才最有利于了解对方，并与对方达成沟通，建立感情呢？心理学家建议用“同理心式倾听”。

同理心式倾听，就是用心聆听另一个人的思维与心声，这是设身处地，尝试以他人的双眼来探究世界的倾听方式。在所有的倾听方式中，这是唯一能够真正深入他人心理的方式，也是高情商的表现。

琼斯是精装图书行销商，每个礼拜，她都要去拜访几位著名的美术家。这些人从来不拒绝她，但也从来不买她的书籍。他们总是很仔细地翻着琼斯带去的图书，然后告诉她：“很遗憾，我不能买这些图书。”

琼斯感到有些奇怪，于是她就去和一位学习心理学与人际关系学的朋友聊天儿。这位朋友仔细问了她推销的经过后，对她说：“你把他们给镇住了，所以他们不敢买。”

琼斯应该是个敬业姑娘，她原来就有较为不错的美术功底，但她说话缺少技巧。每次推销时，她都是很热情地告诉对方：“这一部画册你一定没有见过，它是现代最……的图书。”朋友告诉琼斯：“你不妨把书送上门，让他们自己去品评。”

琼斯自己也省悟到过去的方法有些不妥。于是她又带着几本画册，经过朋友介绍，去了一位新客户家中。到了那里后，她并不忙着推销书籍，而是左顾右盼，用心欣赏这位美术家朋友的作品。对一些不太懂的地方，她总是及时提出来请教这位美术家。

这位美术家来了兴致，不知不觉中，两人已经聊了两个小时。最后，琼斯请教这位美术家道："以您这么深厚的美术功底，您能否帮我看一下这几本书，看看到底哪一本更实用、更权威。"

因为时间不多了，两人约定第二天再见面。第二天，琼斯再去取书时，这位美术家已经认认真真地打出一份评价意见。字数不多，但是很中肯。琼斯谢过了这位美术家，这位美术家主动告诉琼斯："我自己想订购几本这种画册。另外，我和我几个朋友都联系了一下，他们也愿意看一看。"

琼斯听了表示感谢，在这位美术家的引见下，一下子又推销出了好几套大型画册。

如果你想成为一名受人欢迎的谈话者，就做一个注意听话的人吧。正如查尔斯·洛桑所说的："要令人觉得有趣，就要对别人感兴趣——问别人喜欢回答的问题，鼓励他谈谈自己和他的成就。"同时你要学会不时发问，还可以偶尔提出一个不同的看法。如果你有支持他的说法的个人经验，在他谈话停顿的间隙提出来，但是要简短，然后再把谈话的主导权还给他。

跟你谈话的人对他自己，他的需求和他的问题，比他对你和你的问题，更感兴趣千百倍。当你下次开始跟别人交谈的时候，别忘了这点！

请不要吝啬你的赞美

美国著名的心理学家威廉·詹姆士说:“人类本性上最深的企图之一是期望被赞美、钦佩、尊重。”渴望被赞扬是每一个人内心的一种基本愿望。所以,当我们在社会生活中,要想在善意和谐的气氛中形成高潮,就应该去寻找别人的价值,并设法告诉他,让他觉得那价值实在值得珍惜,这样我们便等于扮演了一个鼓励他、帮助他的角色。这当然就可能迎来他的真心回馈。

在现代人际交往中,是否会恰当地赞美他人已成为衡量一个人交际水平高低的标志之一。同时,赞美他人,也是为自己树立起一个开明的、善于与他人合作的形象。

2008 年 6 月 8 日,希拉里·克林顿发表演说,宣布总统竞选失败。

一般来说,这种承认自己失败的演说,很难讲好,既不能流露出对对手的怨恨,又不能让自己显得灰溜溜。但是实际情况是,希拉里最后足足讲了 30 分钟,其间有几十次的掌声和欢呼,尽管是退出选举,但是仍然像一个胜利者一样。

希拉里对奥巴马的赞美之词,简直无以复加。谁能想到几个星期前,两人还在互相攻击。希拉里说:

“我们的战斗还将继续，我们的目标还没有完成，让我们继续用我们的能力、我们的热情、我们的力量、我们能做的一切，帮助巴拉克·奥巴马，让他成为美国的下一任总统。

“今天，当我停止自己的竞选活动，我向他祝贺胜利，为他的优异表现喝彩。我完全支持他，我将尽全力支持他。

“我在竞选中，曾经同他面对面辩论了22次。我对他很了解，我亲眼看到了他的力量和决心，他的优雅和勇气。

“作为人类，我们没有人是完美无缺的。这就是为什么我们彼此需要。当跌倒的时候，我们彼此扶持。当灰心的时候，我们互相鼓励。一些人会成为领导者，另一些人将紧紧跟随，但是没有人能够独自完成这一切……”

在某些时候，“赞美对手”是一个人必须要撑起的场面。大多数政治家都深谙此道，他们展示给人们看的，都是相互拥抱、握手，相互热情洋溢地把对方抬起来的画面，这是一种风度，也是一种必须的手段。生活中的小女人，赞美别人，则是你一条极为实用的生存之道。

办公室里，沉闷紧张的气氛之下，赞美是最好的润滑剂：

某个同事刚好成功地完成了某项任务，或者顺利出差回来，别忘了恭贺他们：

“你真行，难怪老板器重你！”

“你的干劲实在值得我们好好学习！”

“旗开得胜，看来下一个任务又是你的囊中物了！”

这些说法并非是做人虚伪，这是一门艺术。在这个社会上，会说恭维话的女人，肯定比较吃香，办事儿顺利也就顺理成章了。当一个人听到别

人的恭维话时，心中总是非常高兴，脸上堆满笑容，口里连说："哪里，我没那么好，""你真是很会讲话！"即使事后冷静地回想，明知对方所讲的是恭维话，却还是没法抹去心中的那份喜悦。

会做人的女性，也不要忽视了对同性的赞美。

女人通常视同性为天敌。正像一则笑话所讲：两对男女迎面走，男人看女人，女人也看女人。女人一般不把男人看作对手，所以，女人的敌人最终还是女人。女人吝啬对女人的赞美，女人轻蔑自己的同类。

其实女人间轻松相处的最简单的方法就是适度赞美自己的同类，比如"你今天的唇膏颜色真漂亮"，"这身衣服配你，真是再合适不过"。确实，女人喜欢受注目。若想获得一个女人的好感，聪明的女人明白：适度的赞美是必要的，让她知道你是她无需设防的人，你真心把她做朋友，你不会同她争风吃醋。

恭维别人本身是一件很讨好的事，但这也必须有一个限度。

高帽尽管好，可尺寸也得合乎规格才行，滥做过重的高帽是不明智的。赞扬招致荣誉心，荣誉心产生满足感，但人们发现你言过其实时，常常会因此感到他们受到了愚弄。所以宁肯不去恭维，也不宜夸大无边。

过分粗浅的溢美之词同时会毁坏了你的名声和品位。恭维别人首要的条件，要有一份诚挚的心意及认真的态度，言词会反应一个人的心理，因而轻率的说话态度，很容易被对方识破，而产生不快的感觉。

恭维人的话不能过多，多了对方会不自在，觉得你是虚情假意，你习惯于对每个人都花言巧语，因此而不信任你。恭维过多也不利于交谈，在谈话中频频夸对方"好聪明"、"好有能力"，对方频频表客气，谈话往往无法顺利进行。

经常看到有人在称赞别人时表现出来的那种漫不经心：“你这篇文章写得蛮好的。”“你这件衣服很好看。”“你的歌唱得不错。”这种缺乏热诚的空洞的称赞并不能使对方感到高兴，有时甚至会由于你的敷衍而引起反感和不满。

如果把以上这些话改成：“这篇文章写得好，特别是后面一个问题有新意。”“你这件衣服很好看，这种款式很适合你的身材。”“你的歌唱得不错，不熟悉你的人没准还以为你是专业演员呢。”这些话比空洞的赞扬显然更有吸引力。

面对突发事件，避免沦为情绪的奴隶

女人天生是感情动物，感情在给女人带来细腻和灵感的同时，也会泛滥为情绪，假如这种情绪得不到适当的处理，就会影响日常的生活和工作，甚至破坏人际关系。

现实生活中，大多数的女人常常会出现这样的情况：本来只是一些鸡毛蒜皮的小事，在别人看来不以为然，而她却犯颜动怒，火冒三丈。为此，经常损害朋友之间、夫妻之间的感情，同时又把一些本来能办好的事情给搞糟，甚至对个人的身心健康、事业成败都造成极坏的影响。

怒气不亚于一座活火山，一旦爆发既会伤害到别人也会伤害到自

己。同时,怒气又是一种奇怪的东西,只要给它一点时间,稍稍耐心地等一下,它就会自己溜走,但是一旦你给它行一个方便,它就能惹出更多的怒气,变得一发不可收拾。

台湾著名的专栏作家吴淡如,有一天她看电视时,看到一位记者在以夸张的语气谈论她。说她虐待出版社编辑,在编辑大腹便便时还要她到家里来监督装潢工程,还说她所有的书都是背后有个“影子兵团”在代笔,并非她亲笔所写……

吴淡如听到这里简直气炸了,这种愤怒像台风天气的潮水一样,一波一波地在撞她的心,她很想马上打个电话给记者说清楚讲明白。但是念头一转,她又暂时忍住了,因为她的心里有个声音告诉她:且慢发火。她知道有句话叫“杀敌一千,自损八百”,如自己怒气冲冲地直接回击,除了让自己泄恨之外,并不能解决问题。

于是她决定忍几天,等下次有机会碰到那位记者时再说清楚。几天后,当她遇到那位记者时,记者向她道歉说:“对不起,那是很久以前录的节目,那时候我并不认识你,误听了谣言……我不知道他们会回放,也一直以为你老早就知道了,但你却宽宏大量,并不在意……”

吴淡如听了记者的话后,庆幸自己当时没有发火,否则的话,就可能失去一位朋友了。

由此可见,我们若想发火时,不妨先忍耐一下,让这些情绪冷却下来,这时你可能就会发现,有些事根本就不值得去发火。

很多女人虽然懂得这个道理,但是在实际生活中却难以自控。一遇不顺心的事就急躁易怒,容易冲动。这主要是由以下因素造成的:

(1)女人好冲动,爱发脾气,与自身的气质类型有一定关系。一般说

来，属于胆汁质的人，比其他气质类型的人更容易急躁，更爱发脾气。

(2)与女人所处的生活环境及所受的教育有关，它是个性心理中不良性格特征的表现。既然性情暴躁属于个性心理中的不良品质，所以女性朋友们就应该重视起来，认真对待。

(3)有些笨女人爱发脾气与缺乏涵养和虚荣心过重也有密切联系。比较年轻的女性由于涉世不深，生活的知识、经验不足，看不到“一个篱笆三个桩”、“一个好汉三个帮”这一浅显的道理，只知爱惜自己的“脸面”，有时明知是自己不对，为了维护“脸面”以满足虚荣心，仍不惜伤害别人的感情，故意宣泄不满，起劲指责对方，表现出一副唯我独尊的样子，而事后又常为得罪朋友和失去友情而后悔。所以说，当人际间出现意见分歧，发生点小摩擦是常有的事，女人不宜将对对方的不满情绪和烦恼长期积压在心里，可以心平气和地与对方交换意见，自己有错误主动承认，对方有不足之处可以耐心指出，以求相互谅解，这不是什么“栽脸面”的事。而随意发脾气，任意发泄自己不满的女人，表现了这个女人缺乏涵养；易暴躁，则恰恰是一种自我贬低的愚蠢举动，才真正是丢了自己的“脸面”。

女人的情绪是一种变化无常的东西，如果女人能在盛怒的情况下控制好自己的情绪，这不仅是个人修养的体现，也是理智的表现。要想成为一个受人欢迎的女性，应懂得如何控制自己的不良情绪，让情绪成为自己成功的垫脚石而不是绊脚石。

与人交流，什么场合说什么话

在生活中，我们会发现有人天生有人缘儿，即使在一个陌生的环境，只要一开口，马上就会调动起周围人的情绪，赢得大家的喜欢。这种人缘，符合心理学上的“亲和效应”，这其中共同的奥秘就是：找到相同点，成为自己人。

因为是“自己人”，所以会感到相互之间更加容易接近。而这种相互接近，则通常又会使交往对象之间萌生亲切感，并且更加容易相互接近，相互体谅。

在我们与他人的交往过程中，本来就是“自己人”的好办，多谈谈“咱们自己”的事儿，自然就会形成一个个亲密关系联盟。至于不是“自己人”的，最好也要尽量往“自己人”的方向靠。人类本来就是一个大家庭，若有心寻找共同点，总会有所发现的。

曾获得诺贝尔文学奖的美国女作家赛珍珠在二战期间，曾发表过对中国人民的广播演讲，这篇演讲深深地打动了中国人的心。在演讲中她是这么说的：“我今天说话不完全站在一个美国人的立场，因为我也是一个中国人。我一生的大半时间，都消磨在中国。我生下3个月，就被父母带到中国去了。我开口说话的时候，又是先说的中国话。我小时跟着父

母，并没有住过什么通商大埠。十数年间，我们到的地方是浙江、江苏、江西、湖南、安徽、山东各省的小城市、小村庄，清浦、镇江、丹阳、岳州、蚌埠、徐州、南州……这些地方，是我最熟识的。可是我最爱的，是中国的农田乡村。以后我长大了，又在南京住了17年。我曾亲眼看见南京在几年之内，由一个古旧的城市变成一个新式的首都。但是无论我住在什么地方，我与中国人相处，都亲如同胞。因为小的时候，我的游伴是中国孩子；成人以后，来往的又是中国的朋友们。现在我人虽已归故国，心中却没有忘掉旧日的朋友。所以今天我要从这两种地位说话。我既在中国长大成人，又在美国住了多年，受了双方的教育，有了双方的经验，我觉得我是属于两个国家的。”

赛珍珠一再提及中国人熟悉的地名，强调自己与中国人关系密切，对于听众而言，这些熟悉的地方的风土人情和自己的种种经历立刻历历在目，而一个陌生的外国演讲者此时似乎也成了曾经同行的旅伴，国籍的界线模糊了，一种亲切感油然而生。

在交际法则中，要做一个处世高手，一个受人欢迎的人，就应当说话分场合，即所谓“上什么山，就要唱什么歌”。

在什么场合说什么话，是人们在长期交际实践中总结出来的经验。场合就是谈话的社会环境、自然环境和具体场景，具体场景又涉及谈话的时间、空间及周围环境。它们虽然无言，却在言语交际中起到不可低估的参与和影响作用。谈话双方对于话题的选择与理解、某个观念的形成与改变、谈话的心理反应以及交谈结果，无不与场合有直接联系。这就要求女性朋友在谈话时必须估计场合影响，并有意识地巧妙利用场合效应。

正因为受特定人际关系和场合心理的制约，有些话只能在某些特定

场合说，换一个场合就不行。同样一句话，在这里说和在那里说也有不同的效果。因此，在人际交往中，女性在说话时一定要注意，说什么，怎么说，要顾及场合、环境，才有利于沟通。不顾及场合的心直口快是不值得提倡的。

小王和小张平时爱逗闷子，几天没有见，一见面一个就说："你还没有'死'呀！"对方也不计较，回一句："我等着给你送花圈呢！"两个人哈哈一笑了事。后来小王因病重住进了医院，小张去医院看望，一见面想逗逗他，又说："你还没有死呀？"这一次，小王变了脸，生气地说："滚，你滚！"把他赶了出去。

人家正在病中，心理压力很大。小张在病房里对着忧心忡忡的病人说"死"，显然是没考虑场合，人家怎能不反感、恼火？其实，小张说这话也是好意，想给对方开开心，只可惜他在思想上缺乏场合意识，不该在这种场合开玩笑，才闹出了不愉快。

俗话说"一句话把人说笑，一句话把人说跳"说的就是这个道理。这就要求我们在说话时，要注意场合，增强场合意识，懂得在不同场合对说话内容和方式的特定限制和要求，并时时不忘看场合说话。

在喜庆的场合应讲一些轻松、明快、诙谐、幽默的话语，在悲痛的场合应讲一些与场合的氛围相融洽的话语。这是起码的要求。如果不注意这一点，说话就会引起别人的反感。

去别人家做客，要谢谢主人的邀请，并盛赞菜肴的精美丰盛可口，并看实际情况，称赞主人的室内布置，小孩的乖巧聪明……

赴宴时，要称赞主人选择的餐厅和菜色，当然感谢主人的邀请这一点绝不能免。

参加酒会，要称赞酒会的成功，以及你如何有“宾至如归”的感受。

参加会议，如有机会发言，要称赞会议准备得周详。

参加婚礼，除了菜色之外，一定要记得称赞新郎新娘的“郎才女貌”。

到什么场合说什么话，需要相当的经验，当你面临着各色各样的场合，面对着各样的人物，一个聪明的女人一定能分清场合，选择最恰当的方式说话，使自己的谈吐既符合场合要求，又考虑到谈话对象的接受心理，最大限度地实现与交际对象的沟通。这样可以为你增添无穷的魅力，使自己成为一个妙语连珠、谈吐不凡、受人欢迎的谈话高手。

讲究社交礼仪，别让小毛病出卖你的身份

礼仪是什么？有人把礼仪理解为繁文缛节，觉得那都是虚伪的客套，这种想法显然是错误的。礼仪是在人际交往中，以一定的、约定俗成的程序方式来表现的律己敬人的过程，涉及穿着、交往、沟通、情商等内容。从个人修养的角度来看，礼仪可以说是一个人内在修养和素质的外在表现。从交际的角度来看，礼仪可以说是人际交往中适用的一种艺术、一种交际方式或交际方法，是人际交往中约定俗成的示人以尊重、友好的习惯做法。

在我们的社会生活中，礼仪可以说无处不在，对其有着不同的定位

和理解的人“交流”起来，“问题”还是不少的。

美国小布什总统在位时，英国女王伊丽莎白二世曾经访问美国，在白宫，布什夫妇为她举办了国宴。

这是布什担任总统6年来第五次为他国元首举行国宴，也是布什第一次愿意在国宴中身穿燕尾服。一些白宫官员也承认，让不拘小节的布什总统身穿燕尾服举办招待女王的国宴，这不仅是白宫的年度社交活动，甚至可以说是布什两个任期内最重要的社交活动。

事实上，布什在遵守这些礼节方面似乎并不大热心，只是屈从于第一夫人劳拉·布什的努力劝说。劳拉在美国广播公司（ABC）7日播出的“早安美国”节目中坦言，在她和国务卿赖斯的劝说下，布什才最终同意穿上晚礼服。

劳拉说，2003年访问英国期间，女王在白金汉宫为他们举行了一场“白领结”级国宴，布什被迫穿上燕尾服。后来，她曾以为那是布什“最后一次”穿燕尾服。不过，“当你要招待英国女王时，你当然需要举办成‘白领结’级，这是最完美的场合。”

劳拉还承认，由于“白领结”级国宴要求男女宾客均着礼服出席，那些平日里习惯西服的受邀美国男宾客将不得不忙着“借燕尾服”，但这一服饰规格将让这场国宴变得更加“有意思”。

有报道说，劳拉已经为女王预备了5道菜肴以及名为“春意盎然”的餐后甜点，这些菜肴届时将被放置在镶有金边的精美瓷盘中呈上。

这是一场美国人自由的牛仔风格与英国王室整洁规矩的要求在同一场合上的有趣“碰撞”。在这里，礼仪不仅仅是不同风格的差异，它还涉及到友好、尊重、认同等多方面的意义。我们的日常社会交往也是同样

的道理，你想要在某一个圈子里如鱼得水，受到大家的欢迎和喜爱，得宜的风度和表现，是人们为你打分的基础。

在各种社交活动中，最考验女性修养品位的，以西式酒会为首。同时，这也是最能展现女性风仪的场所。

这类酒会，宾客一律站着寒暄，人数可从数十人至数百人。场地布置有如酒吧，提供各种西式调和酒，及琳琅满目的配酒餐点。由于宾客人数颇多，而且川流不息，倘若不主动寻找主人，可能参加酒会从开始至离去都不见其面。而令我们感到难堪的是，酒会中主人通常不会主动招待，一切需自助。如果你认识的人不多，又不会喝酒，陪着出席的丈夫或男友在同他的朋友谈话，那你真将不知如何是好了。再加上很多女性天性不易主动结识陌生人，于是参加这类酒会就成为一项社交难题。

通常我们停留的时间以将近酒会的三分之一最为恰当，例如下午二至五时的酒会，我们停留大约在四十分钟至一小时。在这期间，不要从头到尾都粘在先生身边，分开与朋友谈话并尽量认识一些新朋友。

在加入一个团体谈话或离开时，要记得礼貌用语“对不起”。倘若谈话的对象只有一人，不要随便离开他，最好的方式是介绍别的朋友给他，再离开。好的风度表现在身体的姿态与动作之中，当我们离开朋友时，千万不要立刻转身就走，用退步的方式走一两步，再侧身离去，无形之间予人温暖亲切的感觉。在酒会上熟悉介绍、握手礼节；对西式调和酒有基本认识；能大方地与人交谈，并很技巧地将谈话延续下去，则会使你成为一个社交场合中受人欢迎的人物。

除此之外，在参加酒会的过程中，一个女人的仪态也特别重要。大半的女性小时候活泼好动，十几岁时懂得了害羞，对自己身体的变化更是

敏感，在拘谨的掩饰中，就把自己“弯”起来了。结果人也变得呆板，甚至自卑。

姿态确能影响人的个性，大致上，挺直而优雅的人对自己较喜爱，也较有自信。所以改变外表有助于个性的成长，的确是不容忽略的事实。

在餐厅入席时，女士的坐椅通常有人服务拉出，那么确信再坐下后，椅子向前调整至身体与桌子有一适当的距离，而背部又能靠着椅背，保持直挺的姿态，既舒适又自然。否则，身体距离桌子太远，以至于倾身向前用食，动作既不雅观又不舒适。再者，用汤、用食也应该保持腰部直挺，微微低头，以食就口。倘若弯腰以口就食，就完全有失淑女风范了。

此外，当女性朋友在出差旅行时，在会议中，在宾馆，在剧院，这种种场合中你所表现出的风格，都是你个人素质的直接体现。我们所要做的，是多体验，多观察，然后再从书中或者网络上找一些指导性文字对照，逐渐提高自己的礼仪水平。只要你懂得礼仪的意义，并从真正从内心开始重视它，做一个公众场合的优雅女性，也不是一件很困难的事。

让你接触到的每个人都心情舒畅

女人最出色的社交品位，不是众星捧月地出风头，而是以她女性的亲切和机智，调和现场气氛，创造一个轻松愉快的环境。这是一种看不

见、摸不着，但是人人都能感受得到的自然魅力。

拿破仑·希尔指出："有魅力的人，人人都爱和他交友；和有魅力的人相处总是愉快的。他好像雨天的太阳，能驱除昏暗。人人都乐于为他做事，一个人能否成功与他的个人魅力有密切的关系。"

对于希拉里·克林顿，我们并不陌生，这位美国前第一夫人给人以智慧、干练的形象。当她以美国新任国务卿的身份再次来到中国时，又处处体现着亲切和随和。

2009年2月21日，身着一袭黑衣、颈带白色珍珠项链的希拉里·克林顿出现在了钓鱼台国宾馆的18号楼。她步履轻盈，微笑着与见到的每一位中方人员打招呼，丝毫没有陌生的感觉。似乎等待她的不是一场众人关注的政治会谈，而只是老友之间的一次重逢而已。

国宾馆的18号楼，和希拉里渊源颇深，1998年，希拉里作为第一夫人，陪同她的丈夫——当时的美国总统克林顿访问中国，就住在钓鱼台18号楼。

当闪光灯此起彼伏，记录下希拉里和杨洁篪外长握手的那一刻时，希拉里禁不住内心的欣喜，第一次提起了18号楼。"我很高兴能再次回到这里。这里给我带来了许多美好的回忆。"她动情地说。

21日下午，希拉里与清华大学40多名师生一起，进行了一场别开生面的座谈会。座谈会上，希拉里幽默地引用了中国成语来提醒在座的各位不要"临渴掘井"，也希望中美两国能在应对气候变化问题上共同努力，携手共进。

座谈会一结束，希拉里就走下讲台，与在场的每位师生握手问候。现场的一位同学不失时机地拿出希拉里的自传请求签名，这位新任国务卿

立即爽快地在书的扉页上签下了自己的名字。

富于亲和力的姿态，可以让接触的双方顺利沟通，不但有利于解决问题、推动工作、增进了解、发展友谊，而且令人心情愉快。

有许多女性，由于慌乱、羞怯或者过于骄傲等个人原因，在社交场合往往表现得有些生硬和冷漠，这是一定要改善的。

女性朋友与陌生人之间交谈，要看准情势，不放过应当说话的机会，适时地“自我表现”，能让对方充分了解自己。陌生人如能从你的谈话中引起共鸣、获取教益，双方会更亲近。还可以利用媒介物找出共同语言，缩短双方距离。如你见一位陌生人手里拿着一本厚书，可问：“这是什么书啊？这么厚，您一定十分喜欢看书！”对别人的一切显出浓厚兴趣，通过媒介物引发他表露自我的心情，交谈就会顺利进行。

我们要注意，在与尚未熟识的人说话时，最好选择较为轻松愉快的话题，这样可以使说话自然顺畅地展开。毕竟，沉重的话题使大家心情沉重，有争议的话题又容易引发冲突和不快。社交场合应该是令人身心放松的愉悦之地，选择能烘托气氛的轻松话题是最明智的举动。对方如果不是熟识的朋友，交心就免了吧。轻松自如是最关键的。

女性在与陌生人说话时，还需要顾及对方对该事物的兴趣，顺着他的心理倾向而谈，如对一位潜心学问的学者就不能谈“股票”、“生意经”；对一位经商的人就不能谈“治学之道”。一个具有敬业精神、勇于开拓成就的人，喜欢听事业、工作方面的具体指导和建议；生活困难、穷困潦倒的人喜欢听到扶贫济困，发财致富的信息，不同的兴趣有不同的“兴奋点”，兴趣相投的人聚在一起交谈，可以激发出话题焦点的“火花”，进而产生思想、感情的共鸣。

有人认为，素昧平生，初次见面，何来共同感兴趣的话题？这就要求女性朋友在讲话时要仔细观察对方，从他的兴趣、爱好、个性特点，到他的水平和心情处境入手，初次见面要做到这一点，就要由细微处见品性。只要善于寻找，何愁没有共同语言？

有一位女记者，曾与伊丽莎白女王在鸡尾酒会上做过简短交谈。一开始就问女王，昨天是否在风雨中视察过铁矿，这使女王十分惊讶。原来女王外衣染有红褐色的矿屑，经女记者提醒才发现。由于女记者的交谈从关心女王的话题开始，自然引起女王的好感，使得这次交谈十分融洽、成功。

由于女记者的细心观察，并表现出对女王的关心，必然赢得了女王的好感。由此可见，在与人交谈时，谈论对方感兴趣的话题，可以让你成为受欢迎的人。试想，谁不喜欢和别人谈论自己最喜欢和最关心的事情呢？

在人际交往中，与他人谈话要找到合适的切入点，切不可像盲人摸象般胡乱谈论，否则就会导致结果与你的本来愿望背道而驰。

和异性交往，甘于做个“小女人”

结交异性朋友是当今社会开放的一种新型的社交现象。过去那种男女授受不亲的时代已经过去了，我们现在经常看到社交场合中男女握手为友，彼此平等交往，共谋大业，展现了开放时代的开放精神。

性别，的确是男女交往中的一条鸿沟。一个男人和一个女人交往时，性的潜在可能是经常存在的，但这并非不可避免、必然发生的现象。聪明的女人明白：一个男人不一定非得做了你的“情人”，才能成为你“最好的朋友”。

女人与异性交往的最佳分寸，是既不泯灭你的性别特征，又不让人误会，引起不必要的麻烦。

在这个大前提下，在适当的时候，展现一下你作为一个“小女人”温柔的小手腕也无可厚非。

伊梅尔达生于1929年，家境平平，父亲是一位普通教师，9岁丧母，有6个兄弟姐妹，她是老大。从上大学起，就开始半工半读。伊梅尔达生性好强，她的格言是：“永远把微笑挂在嘴边，永远把泪水藏在心底。”

随着发育长大，伊梅尔达渐渐成了当地有名的美人，不但艳丽俊俏，而且有大家闺秀风度，还有一副婉转动听的甜美歌喉。23岁那年，身上只

带着5个比索的伊梅尔达，独自去马尼拉闯世界。在那里，经过11天闪电般的热恋，伊梅尔达嫁给了年轻有为的议员马科斯，开始步入菲律宾的政治舞台。

在美貌而聪明的夫人的全力支持和奔走中，年轻的议员马科斯犹如一颗明星冉冉升起，从议员到议长，又从议长到总统，一路飞黄腾达，终于入主马拉卡南宫总统府，伊梅尔达成了菲律宾的第一夫人。

在社交场合，男性常常表现得举止潇洒、气度不凡，以此来唤起女性的好感；女性所表现的美丽脱俗、温存柔弱，也会给男性留下非常好的印象，让男人从内心深处愿意为自己效劳，甚至将帮助自己视为一种荣幸。

在女性面前，男人的情绪很容易被调动起来。每一个女人都具有天生的女性魅力，只要你刻意发挥它，就能让异性被你吸引，也能让同性对你表示友善。随着时代改变，现代女性不但不应该扮演冰山美人，板着脸孔，反而应该善用与生俱来的女性魅力，和男性和平相处，和谐的氛围再加上本身的实力，会使你的人生之路平顺得多。

于蓝蓝是做小家电生意的，她的店铺开在热闹的商业区，四周都是同行。大家低头不见抬头见，表面上嘻嘻哈哈，其实心里都憋着一股劲儿。一天，于蓝蓝以“拜访邻居”的名义，来到对门与老板聊天。在谈完各自读过的学校和彼此的兴趣爱好后，她把话题转移到生意上，表示自己初来乍到，摸不着门径，心里很没底儿。于是，那位年轻的男老板主动谈了他自己的一些想法，讲得非常详细。于蓝蓝不时地插进一些诸如“哦，是这样”，“啊，您这个想法真好”，“我怎么就没想到这一点呢？”之类的话。等他们的交谈结果时，她已经学到了不少经验，而且从此两个人还成了关系不错的朋友。

是的，女性要坚强独立，不要轻易交出命运的主动权。但是这和你在生活中保持女性的性别特征没有关系，女人处世的最高境界，是“百炼钢成绕指柔”，以充满温馨的个性魅力，面对外部环境的冷淡与坚硬。

但是值得注意的是，以自身的女性魅力化解矛盾、加强联系，和利用美色获得财富完全是两码事，所以，你的行为绝对不能太“出格”。

(1)自然交往

在与异性交往的过程中，言语、表情、行为举止、情感流露及所思所想要做到自然、顺畅，既不过分夸张，也不闪烁其词；既不盲目冲动，也不矫揉造作。消除异性交往中的不自然感是建立正常异性关系的前提。自然原则的最好体现是，像对待同性同学那样对待异性，像建立同性关系那样建立异性关系，像进行同性交往那样进行异性交往。

(2)不宜过分亲昵

过分亲昵不仅会使自己显得太轻佻，引起人们的反感，而且还容易造成不必要的误会，即使是已经确定关系的恋人在公众场合最好也不要随意流露热情和过早的亲昵。

(3)不必过分拘谨

在和异性的交往中，要该说就说，该笑就笑，需要握手就握手，需要并肩就并肩，忸怩作态反而使人生厌。

(4)留有余地

即使是结交知心朋友，但是异性交往中，所言所行也要留有余地，不能毫无顾忌。比如谈话中涉及两性之间的一些敏感话题时要回避，交往中的身体接触要有分寸等。特别是在与某位异性的长期交往中，要注意把握好双方关系的程度。

你可以这样理解，第一，天下没有免费的午餐，如果你要得到更多的实际利益，必须要付出更高的代价，而这却会搅乱你的生活节奏，使你从“以自己的实力换取独立”的大目标上偏离开来；第二，要明白给自己创造一个和谐的大环境并不容易，你与周围的人都是单纯的朋友和合作伙伴，不陷入那些男女关系的是非里。每位追求独立的女性都要记住：你首先要做一个正派的女性，然后才能创造真正意义上的成功和财富。

谦逊和友善才是真正的高贵

友善可以获得真正的友谊，无端的争斗只能造成两败俱伤；友善可以化解矛盾，无情的指责只会恶化问题。每一个人都是一个潜在的朋友。每个人都可以成为你的朋友。你有没有朋友，完全在于你自己。

女性最忌染上清高傲慢的毛病，以至人人侧目。传媒精英杨澜有一篇文章，记录了对于英国王室尤金·妮亚公主的印象，可以帮助我们理顺自己的思路。

尤金·妮亚是安德鲁王子的女儿，正准备申请大学读书，她表示，自己的成绩不是很出色，要加倍努力才成，有关大学的资讯，都是通过同学的渠道去打听，并不想占身份的便宜。与中国客人共进午餐时，妮亚公主是主动帮客人分菜，帮父母续水，殷勤得如邻家的女孩。

杨澜感慨：中国刚刚富裕起来的一代人对所谓“贵族”和“格调”的认识还多么肤浅。我见过不少拿腔拿调，只会用名牌包装自己的人，也见到过到英国念书，希望沾点贵族气的孩子，骄傲无礼让人头痛。也许我们忘了最高贵的格调是自然真诚，无论是百姓还是皇家，无论在英国还是中国。

谦逊友善的态度，是征服人心的最佳方法。请记住，你的大多数敌人正是你自己造成的，友善才会使你朋友遍天下，使你的品质得到升华，生命充满快乐。所以，多站在他人的角度看问题，多跟别人分享看法，懂得在适当的时候采纳他人的意见，这样你才能获得众人的接纳和支持。

国母宋庆龄喜欢在自己的家里招待客人，有时自己掌勺，做上两个菜，既表示对客人尊重，又显示自己的手艺。客人中有贵宾，也有私交；有高级人物，也有普通人；有中国人，也有外国人。在中国人这方面，这样的家庭式聚会使她同别人的交往——官方的或非官方的——变得温暖和活跃。在同外国人交往中，这样的聚会为她在人民外交中的作用增添了一种特殊的活动空间。

她在家中招待过的中国客人中有毛泽东和党和国家的其他领导人。如果情况许可，她会同时请一批人来。如1963年保卫中国同盟（她所钟爱的中国福利会的前身）成立25周年时，她就同时邀请了周恩来和夫人邓颖超、朱德和夫人康克清、董必武、陈毅和聂荣臻元帅，还有中国红军最早的军医之一傅连璋大夫。她请这些人并不只是考虑到他们的地位。他们有的同保盟有关系、有的接受过保盟在战时的援助。

她在家里款待的客人中还有一些在地下活动期间就结识的朋友如陈赓将军。1953年陈赓从抗美援朝前线回国时，她不但宴请陈赓和他的家属，还亲自去采购食品。1955年陈赓患心脏病到上海治疗，她又一次这

样做。

她家的常客是一些完全属于“民间”的人士，其中有保卫中国同盟和其他团体的老同事，还有外籍或外国血统的朋友，还有著名舞蹈家戴爱莲等等。她在家里放映电影时总要她身边的工作人员及她相识的人把大一点的孩子带来一同看，因为她喜欢同孩子们在一起。对小一点的孩子，她在复活节时请他们到家里来“找彩蛋”、在其他节日则请他们来玩别的游戏。

有一些女性虚荣心太盛，她们总以为那种拒人于千里之外的高傲和冷漠才是“贵族范儿”，以至于与人相交时常常端着架子。其实真正成功的人士，往往都是懂得谦虚待人的人。因为他们从自己的经历中，体会了世事的艰难，懂得为人处世的重要。而凡是那些说话“冲”，做事飞扬跋扈的人，往往都是不谙世事的人。

人是需要关怀和帮助的。帮助别人不一定是物质的，举手之劳或关怀的话语，就能让别人感动。比如：同事感冒你体贴地递上药丸，路过饼店顺道给同事买下午茶，这些都是举手之劳，何乐而不为？你对人好，人对你好，在社会上才不会陷于孤立无援的境地。如果你能帮助伤害过你的人，不但能显示出你的博大胸怀，而且还有助于“化敌为友”，为自己营造更为宽松的人际环境。

女人要想获得人气、受人欢迎，需要把与每个人的交往都看作是一场演出，每次都要面带微笑，微笑似乎是上帝赋予人类的特权。丧失了什么也不要丧失笑容，那是对自己、他人和这世界的最美丽的祝福。请给朋友一个理解的微笑，请给帮助你的人一个感激的微笑，请给那些不幸的弱者一个鼓励的微笑，请给下班归来的丈夫一个体贴的微笑……请你微笑，不用太多的巧言，你就是最美的，最受欢迎的。

第七章

跟第一夫人学英气：

职业素质是给自己加分的重要筹码

“女人要求平等首先应当从自己做起。我要比你做得更好，那你们就没有办法看不见了我。”

——香港立法会主席范徐丽泰

使女人变老的不是辛苦，而是无所事事的懈怠

随着社会经济的发展，“全职太太”一词开始在都市里悄然流行。她们的工作地点在家庭、超市之间，工作的重心就是打理老公的生活和教养孩子成长。这种现象既回归了传统又符合世界潮流，于是一些女人就安心地从上司的脸色与职场的竞争中退出，顺理成章地躲在家庭的小窝里。

不必提欧美与日韩怎样怎样，各国有各国的国情，对于目前大多数的中国女子，感情与事业都是不可替代的。两个人一起努力日子尚捉襟见肘的家庭，做妻子的必然要承担起生活的责任。即便你遇到的是一位成功男士，衣食无忧，面对将来全职太太式的生活也要慎重选择。女人工作的意义不仅仅在于薪水的回报，它还可以使你保持独立的个性、宽容的胸怀和美好的气质。

一个女人是某著名高校中文系的本科生，毕业后，她结束了长达四年的爱情长跑，接受了先生的求婚。到该找工作的时候，她也和其他同学

一样开始做简历、挤招聘会。当时她以为凭着名校文凭和在报社、电视台实习的经历，一定能找到一份如意的工作。谁知道一跳进人才市场的海洋里，她就发现情况和她想像的大不一样。

周围的不少朋友劝她："何必辛苦呢？你老公留学归来，又是工科博士，那么多单位开价都是一万两万的。你干脆不工作，在家里做做家事，悠然自得不好吗？"于是她把档案往人才市场一放，选择了不工作。

可当最初的兴奋一过，才发现这样的生活过得并不美好，先生每天去上班时，她还在睡大觉，中午一个人在家随便吃点将就着，一整天就在家里穿着睡衣到处晃悠。于是她开始觉得失落，觉得不快乐，渐渐地脾气越来越坏，动不动就发火。

深夜梦醒的时候，她不断地追问自己：这真的是我想要的生活吗？答案是：不。我想去工作，不是因为别的，而是需要。

于是，趁着先生到北京去发展的机会，她重新开始了求职之路。终于，她在一家报社找到了一份做编辑的工作，尽管工资不高，却让她觉得很踏实。她说："在这个人才济济的城市里，我看到了太多优秀的女人怎样在生活。如果你问我，现在累吗？的确有点累，但我很满意。现在，见到我的朋友总说我比以前更有神采了。"

因为事业，女人变得自信；因为事业，女人才可以为自己量身定做属于自己的那份独特；因为事业，女人不会追着满街的流行元素而盲目随波逐流；因为事业，女人才不会为脸上小小的斑点而耿耿于怀，才可以素面朝天地向世人展示自然的美丽时做到神情自若……有事业的女人是最美丽的。不是因为鼓起来的腰包或者名片上的头衔美丽，而是那种专注和执著的美丽。

女人要靠自己活着，而且必须靠自己活着，这是女人立足社会的根本基础，也是形成自身"生存支援系统"的基石，因为缺乏独立自主个性和自立能力的人，就像藤一样，没有了参天大树可供攀附，便不能向上生长，而只能蜷伏于地面。

美国的华裔作家林燕妮，在出了《遭遇美国》等畅销书后，创办了《美洲文汇周刊》，自己担任总裁，事业上可谓成功。美国有很多全职太太，她们的生活全部围绕着家庭，相对简单而少压力。她们的生活经常为国内的白领们称道，认为结婚的女人原本就该这样。没有了生活负担的陈燕妮，有没有想过这样简单的生活呢？

"没有，从来没有。"陈燕妮坚决地摇头，"我无法想像向别人伸手要生活费。我曾经因为工作的转换而在家呆了几个月，那段时间太可怕了。除了老公以外，精神没有任何依托，整天在家无所事事。到后来看老公都有点儿小心翼翼的。现在想想挺可笑。美国的报刊竞争很激烈，我做的事情等于是在和美国的男人们抢饭碗，但我宁愿在社会上拼搏，争夺自己的天空，也不愿整天在家洗洗涮涮，开无聊聚会，等老公回家。"

陈燕妮怎么看待优雅女人呢？

"我认为优雅的女人首先应该知道自己是谁。其次她应该是个成功的女人。试想一个身着高贵的晚礼服的女人，在宴会上可能做出各种优雅的姿态，可一转身，她却向身后的男人要生活费，你还会觉得她优雅吗？有了成功事业的女人，才会有充足的自信体现优雅。"

如今的职业女性，家庭事业两头忙，放下吸尘器，又抄起了公文包，可是一个人的价值，恰恰是在这种忙碌中得到了充分的体现。当你累了的时候，还是多想想自己快乐的一面吧！做职业女性，又有独立自信的好

感觉，又有加薪晋级新希望，它们会使你永远都保持着生机勃勃的最佳状态。使女人变老的主要原因不是来来去去的奔忙，而是日复一日的消沉和懈怠。

如果说女人拥有什么样的感情生活，还有一些运气的成分，工作中个人努力的印记却是显而易见的。虽然每个职业女性都会有许多职业的烦恼，工作依然是最值得我们付出的事情。经济上的独立还是其一，一份小小的事业就是女人信心的基础，它可以让你更自然、更平等地与这个世界对话，为你增添一种从容洒脱的个性魅力。

丈夫可靠不如工作可靠，当我们的生活中有了些变故的时候，一份小小的事业，即使成不了依靠，也是一种寄托。即便你的爱人一辈子全心全意，它也是你的根据地，是你们分庭抗礼或比翼双飞的基础。

不做花瓶，巧妙回避职场中的暧昧

女人在职场，首先要找到自己的坐标，也就是说你对自己的定位是什么，对自己职业生涯的长远规划又是什么。这个话题太广泛，其中的关键点，是你在上司面前是如何定位的。

生活中，我们会碰到一些以讨好老板为职业的女子，她总是要无限制地去为老板的日常生活服务。比如不断地为老板端茶倒水，替老板清

理办公桌，等等。更为甚者，她经常在双休日到老板家中看有无家务事可以帮忙。在很多时候，她更像一个跟班。她满怀希望地等待着某一天老板突然对她说："你是个好人，你可愿做一名管理者？"可是，这一天始终没有到来。在老板心中，她的形象不知不觉地被定位为保姆，这样的人，适合永远做个无关紧要的下属。

与老板的距离并非越近越好，这样不但会毁了你独当一面的形象，而且过多地与老板周旋可能得到老板密友或宠儿的名声，使同事讨厌或不信任，有些人甚至会想尽一切办法拆你的台。

在我们的传统里，中国女性一向以温柔、顺从、勤劳、忍耐为美德。但是这样的性格只适合在家里相夫教子，对于在社会上打拼，自己赚钱买花戴的现代女人，就有些不合时宜了。尤其那些期望靠自己的力量得到升迁和财富的女人，应当充分发掘出自己个性中勇于进取和承担责任的一面，来获得社会对你职业水平的认同。最终可以衡量一个人价值的，还是你的成就和业绩。

范徐丽泰 1983 年进入香港立法局，从此踏入政坛。自 1997 年起连任三届立法会主席，但范徐丽泰从不喜欢被称为女强人，她认为："强人就强人，为什么要加上一个'女'字？大家都是做事并希望尽力做得最好，男女在这方面没什么分别。"

年轻时的范徐丽泰很内向，上台演讲更有一种恐惧感。她回忆说："第一次在立法局发言，一共有 8 篇，我一边讲一边抖，抖到 3 篇之后，后 5 篇就自然多了。"侃侃而谈的口才、自信干练的气度，这些都是慢慢练就的。"从小，我就要求自己，凡事只要做，就要全力以赴，做到最好。"她强调说，"女人要求平等首先应当从自己做起。我要比你做得更好，那你

们就没有办法看不见我了。"

如果你需要的是长久的成功与财富，凡事都要按规矩来，事实上，并非那些身居高位的男性都喜欢女孩献媚，当他们冷静下来的时候，会明白一个花瓶和一位好职员孰轻孰重。

子瑜在深圳一家公司做销售，一次，她和另一位职员随公司老板到北京参加全国进出口贸易会议。半个月的唇枪舌剑，他们协助老板争取了不少订单。正准备凯旋时，老板忽然决定，派那位职员去湖北开拓市场。

送走那位同事，子瑜与老板一起等宾馆服务员送当天的火车票。很不凑巧，当天的车票没有了。

当晚，子瑜与老板一起用餐。服务小姐端来几盘菜及一瓶白兰地。子瑜为老板斟了一杯酒，他也准备为她斟酒，子瑜谢绝了。他们边吃边聊这些天接触的人和事，两人均有一种旗开得胜的喜悦。忽然，老板话锋一转："明年的出国学习，你是不是愿意去？"

子瑜笑答："我恐怕不够资格。"

"问题是你自己想不想去。"老板的话容不得子瑜兜圈子。她实话实说："当然想。"

"女人想干一番事业是要付出代价的，特别像你，有才气，又有高雅的气质。"说到这里，老板依旧泰然自若，像是在生意场上稳操胜券似的。

子瑜明白了一切，但还是克制住愤怒。

她淡淡一笑："如果那样，我宁愿过平淡的生活。"

"你不用发展的眼光看自己？"看得出，老板脸上掠过一丝阴影。

子瑜赶忙扯开这个棘手的话题："出来这么多天，不知你爱人和女儿怎样？"她想让他明白自己的身份和责任。

回到公司后，为避免日后工作中的尴尬，子瑜拟了一份辞职报告。但是老板并没有批准。后来，出国学习的名单中竟然有她。子瑜说不清老板对自己怀有何种心情。但是在漂泊生涯中成熟起来的她，能够理解一个男人的一时冲动，相信老板也从她的行动中，理解了一个打工女孩在名利面前的理智。

有很多女性误以为只有讨得能够决定自己命运的人的欢喜，才能一路顺风地走下去。其实这是一个严重的错误。如果你的命运取决于他人的喜好和情绪，那么，你的运气再好也有限。因为今天他能喜欢你，明天也可能喜欢许多你的同类，你始终不是自己命运的主人。靠别人的庇护永远长久不了，你的素质，你对生活的认识，将最终决定你的价值。

如果你需要看某一个人的脸色生活，他的喜怒哀乐都将对你的命运产生影响，那么，你的运气再好也有限。无论在何种情况下，靠自身的素质吃饭，这种饭你才能吃得长久和安乐。

给自己贴上精明坦荡的标签

要说做事业，一开始女性并不处于劣势，她们天性里的耐心与细致，总会把一些基础工作做得十分妥当。但是谈到发展与进步，女性很快就会碰到她的“瓶颈地带”，似乎她们只适合在自己的一方小天地里打转

转,要想做大做强,难度就有点儿大。

当然,并不是所有的女人都是如此。在这个世界上,各个领域里都有一些出类拔萃的女人,取得了令人瞩目的成就。她们的人生经历和从事的行业各不相同,但大都具备让人信服的人格魅力,比如进取心、原则性、决断力、责任感等等,都是普遍女人所欠缺的素质。

对于活跃在乌克兰政治、经济两大舞台的季莫申科,她身边的工作人员说:"作为企业家,季莫申科的攻击性较强,她的政策不是观望,而是进攻。尽管她善于说服自己的竞争者。她在天然气市场的威望迅速增加,人们开始尊重她。季莫申科擅长选用最优秀的人。她完全依赖于职业人员班底,他们向她提出在某个领域她应当如何做的建议,她听取所有建议,然后做出决策。她总是坚定地做出决策,思维很敏捷。重要的是,她总是对自己所做的事情有信心。没有什么能让她感到沮丧、手足无措得不知道该怎么说怎么做才好。有一次我到她那儿汇报工作计划,她认真听完,权衡所有利弊,在5分钟之内就做出了决定。"

这个世界上有一些很"强"的女性,她们可能会在极短的时间内,就做出非凡的成就,站在大多数人一辈子都无法到达的位置上。你可以说这是一种机遇,但是不可否认,她们本身的素质也是经得起检验的,在任何时候,表现得都同样出色。

有一次,一位外国记者向吴仪部长提出一个很尴尬的问题:"请问吴仪部长,为何至今还是独身一人?"对此,部长是无可奉告,还是避实就虚含糊了事?人们揣测着可能出现的回答方式。然而,吴仪的回答大出众人的意料,她既不回避,也不闪烁其词。她说:"我不信奉独身主义。之所以打单身,和年轻时的片面有关。一是受文学作品的影响,心里有个标准的

男子汉的形象，而这种人现实生活中没有；二是总觉得要先立业后成家，而这个业又总觉得没有立起来，然后就是在山沟里一待20年，接触范围有限，等到走出山沟，年龄也大了，工作又忙，就算了吧。"

这一席坦率的回答使众人感到吃惊，同时也使众人大为感动。正是这种坦诚直率的风格才使吴仪成为对外贸易谈判中辩才无敌的杰出女性。

事实上，有许多女性朋友对所谓"口才"往往有一种误解，她们以为伶牙俐齿、口若悬河，说得对手找不到北就是目的。这其实是犯了一个根本性的错误，真正会说话的人，言辞之中总会有一种深刻的感染力，大家会认为这是一个光明的人、一个热忱的人，于是会很自然地把与其为伍当作一种荣幸。普遍地，女性在大事来临的时候常常后退或者逃避，这样会无端地失去很多支持者。如果在职场，你损失的是同僚的友善；如果在商界，你损失的是合作伙伴的信任。

有一个公司的老总，当她在一次内部会议上宣布改变公司的战略计划时，一个股东大声说："您5年之前并不是这样主张的呀！"

这位女老总的答复是："是的，那时我的学识还不够，我错了，现在我进步了。"她并不说什么"但是"、"假若"或逃遁之词，而是发表了一个坚强、有头脑的人坦诚的自白，表现了她能与时代同行的精神。最后，她赢得了股东的一致支持。

我们在职业上的发展，拼的是专业水准，同时也包括你的作风和素质。如果你周围的同事不认可你这个人，做什么都会步步荆棘。相反，有多少人信任你，拥戴你，你就拥有多少次成功的机会。威信是无价的，为了给自己树立一个能担大事的形象，你的一言一行都不能敷衍。

所谓素质的修炼，其实是对自己的一种突破。有时候你的事业做得

不够好，钱赚的不够多，并不是经营本身的问题，事事处处都一股“小家子气”的女人，是支撑不起大格局的，你的信誉、口碑、影响力，将决定你最终的层次。

对职业要有足够的忠实度

在现代办公室林林总总的游戏规则中，愈来愈聪明的现代女性，常常在不经意中忽视了一条最根本的规则——忠诚原则。她们或是锱珠必较，目光短浅；或是见利忘义，因小失大；或是戴着面具，游戏人生……演出了一幕幕违背良心、令人抱憾的悲剧。

其实，忠诚在办公室文化中的定义，是灵魂性的，忠诚的第一层涵义，是对自己承诺的担当。

信守诺言是人与人之间交往的一个最为基本的准则，这体现了一种高度的信任和理解。一个信守诺言的人容易获得他人的尊重，能建立起非同一般的声望。

女性总是给人一种柔弱的印象，因此犯了错误也较容易地得到原谅。我们会经常听到有人这样说：“算了吧，这很正常，她是女的。”

这话中就带了一点点轻视的味道。

一般人对女性说话的态度都不会太认真，对女性的话也不会听得太

在意,这就给了职业女性更多的机会。在女性比男性易于得到他人谅解的情况下,如果一位女性有一言九鼎的豪爽作风,那是绝对能令男性惊骇和尊敬的。

作为天性,女性又特别喜欢说话,量多而质杂,给人一种张嘴就说的草率的印象,就会认为你这个人不庄重,较轻浮,那即使你是真的承诺,他人也不会把它放在心上的。

一名真正的职业妇女必须深深地了解这一点:想要获得与男人一样的地位,请不要轻易地许诺。一旦承诺,无论发生什么事情,都要尽力地去完成它。这就是诺言的代价。

诺言的履行会赢得他人的信赖,那你在对方眼中,就是个敢说敢做的特别的女性。对方就会被你这种特有的风度所倾倒,建立起一种长期稳定的关系。

职业女性的这种风度不仅仅要展现在男性眼中,更不要忘了让其他女性也欣赏到自己这种所特有的风采。

职业女性有时容易迷失自己,在同男性交往中获得巨大成功的同时,更不要忘了自身的原始定位。

把承诺的对象放得更宽些。对自己的每一句话负责,真诚地对待每一个人,这样的女性,成功就不会仅限于事业方面,同时也成全了你的人格。

在办公室,不管"假面舞会"是否流行,做一个真正的聪明人,就应该卸下面具,亮出你的脸,让上司认识你是海水还是火焰。

忠诚常常有以下雷区,需要你小心走过。

最低级的背弃忠诚的游戏,往往从贪小开始。任何一家正规、资深的公司,再严密的制度,总会有漏洞。如果你是一个人品俱佳的人,切不可

贪小越货。趁人不备悄悄挂个私人长途，或趁上司不在意时，悄悄塞上一张因私打的票，让其签字报销；上班时，明明迟到，卡上却填上因公外出；更有甚者，当客户来访时，给你悄悄带来一份礼物，以答谢你在业务往来中曾经给过他的帮助，而这一帮助，恰恰是以牺牲本公司的利益为代价的。细雨无声，倘若让这种“酸雨”淋了你的心，你就会慢慢地被蚀化。贪小的明天就是贪婪。老板绝对厌恶贪小的人。他会把它看作是品质问题，长期这种印象就会失去对你的信任。

有家公司因一家对手公司业务的红火而焦心，但想不出制服对手的良策。终于，对策有了，他们想方设法寻找关系，接近对手公司的一名仓库主管，让其暗中出卖商业机密。这个主管在利益的驱使下，利令智昏，把自己公司的库存数量、货品结构、价格策略一一泄露。几经交手，商界风向大变，原先生意红火的公司，节节败退，最后元气大伤而倒闭。另一家濒临倒闭的公司，却起死回生，反败为胜。一个不忠诚的蛀虫，股掌之间就将一个公司搞垮了。而反败为胜的这家公司也再没有向这位主管伸出邀请之手。

这种隐性的不忠诚，可以说是办公室的定时炸弹。一个有职业道德的女人，心里要有一条准则：可为与不可为。需要坚守的信条是：绝不选择良心的堕落。

当一个人违背了诚信原则时，他的噩梦就开始了。

1.有了一句谎言之后，你需要用好几条谎言来维护它，而顾此失彼穿帮的可能随时存在。

2.当你做了不齿于人的事儿之后，即使不被人觉察，自己的内心也不会安定，做什么事都放不开手脚。

3.一旦与同盟者闹翻之后,他就是握住把柄的人,从此你就会生活在阴影之中。

4.一次的不小心会带来终身的恶果,以后你再付出多大的努力,都难以洗刷别人眼中的这个污点。

5.如果你在背叛中获益,同样不是好事,这会使你越陷越深,最后失去恢复正常生活的勇气。

和人共享秘密是一件危险的事

女人有一个共同的毛病:肚子里搁不住心事,有一点点喜怒哀乐之事,就总想找个人谈谈;更有甚者,不分时间、对象、场合,见什么人都把心事往外掏。

其实这也没有什么不对,好的东西要与人分享,坏的东西当然不能让它沉积在心里,要说可以,但不能"随便"说,因为你每个倾诉对象都是不一样的,说心里话的时候一定要注意,该说则说,不该说千万别说。尤其是在职业场所,闲谈中一定注意不要涉及到你自己的秘密。

之所以处理心事要这么慎重,是因为心事的倾吐会泄露一个人的脆弱面,这脆弱面会让人改变对你的印象,虽然有的人欣赏你"人性"的一面,但有的人却会因此而下意识地看不起你,最糟糕的是脆弱面被别人

掌握住，会形成他日争斗时你的致命伤，这一点不一定会发生，但你必须预防。

任何人，若能在保守秘密这个问题上处理得当，就不会因泄露秘密而把事情搞得复杂化，或者使自己陷入身败名裂的境地，从而保持着良好的个人形象，成就一番事业。

也许你从事的职业不具有同样的机密性，但是对于那些很个人化的东西，还是把它放在自己的肚子里为上策。

当你和别人共同拥有一个秘密时，你往往会因这个秘密同对方拴在了一起。这对你灵活机动地处理事情是一个障碍，在处理一件事时，你往往要考虑他的利益，这就会使你做出违背原则的事。同时，对方可能会在关键时刻，拿出你的秘密作为武器回击你，让你在竞争中失败。下面的小故事，也许会给我们一些启示：

森林里，狐狸垂涎刺猬的美味很久了，但一直苦于刺猬的一身硬刺——只要一靠近，刺猬便蜷成了一个大刺球，这让狐狸一点办法都没有。

刺猬和乌鸦是好朋友，一天，刺猬和乌鸦聊天，乌鸦很羡慕刺猬有这么好的铠甲，便说："朋友，你的这一身铠甲真是好啊，就连狐狸都拿你没办法。"刺猬经不起乌鸦的吹捧，忍不住对乌鸦说："其实，我的铠甲也不是没有弱点。当我全身蜷起时，在腹部还有一个小眼儿不能完全蜷起。如朝着这个眼儿吹气的话，我受不了痒，就会打开身体。"乌鸦听了不禁惊诧，原来刺猬还有这样一个秘密。刺猬说完后，对乌鸦说："我这个秘密只跟你说了，你可千万要替我保密，要是被狐狸知道了，那我就死定了。"乌鸦信誓旦旦地说："放心好了，你是我的好朋友，我怎么会出卖你呢？"

过了不久，乌鸦落在了狐狸的爪下，就在狐狸要吃掉乌鸦的时候，乌

鸦突然想到了刺猬的秘密，便对狐狸说："狐狸大哥，听说你很想尝尝刺猬的美味，如果你放了我，我就告诉你刺猬的死穴。"狐狸眼球子一转，便放了乌鸦，乌鸦便对狐狸说出了刺猬的秘密。

后果可想而知。在刺猬被狐狸咬住柔软的腹部时，它绝望地喊道："乌鸦，你答应替我保守秘密的，为什么出卖朋友？"

表面看来，这是乌鸦出卖了朋友，但真正出卖刺猬的其实是它自己。它生活在一个充满危险、弱肉强食的森林里，唯一能保护它的就是自己的一身硬刺，而它为逞一时的口舌之快，就把致命的弱处告诉了乌鸦。

在办公室里，我们有些心事同样带有危险性与机密性，例如你在工作上承担的压力与牢骚，你对某人的不满与批评，当你快乐地倾吐这些心事时，有可能他日被人拿来当成修理你的武器，你是怎么吃亏的，连自己都不知道。请记住：

不要在同事面前说别的同事，因为你们都是一根绳子上的蚂蚱；不要在上司面前诋毁同事，因为上司远比你聪明；不要在同事面前表达对上司的不满，因为这是他表达忠诚的最好机会；不要在更高的上司面前投诉直接上司，因为他们合作的利益远远大过于你。

女人爱凭直觉做事，对事件前因后果的考虑往往失于缜密，一不小心，就把自己推向了尴尬与被动之中。对于切身相关的喜恶利害，还是让它们沉淀一下，看看自己能不能消化再说吧！

有能力，还要学会做职业舞台上的主角

任何一间办公室里，几乎都会有这样一种现象存在：辛辛苦苦地加班工作，把所有繁重的事务性工作都揽起来的是一批人，而在年终的表彰大会上风光，加薪晋级的，往往又是另外一批人了。

你可以把这种不公平归为上司的眼睛不亮，同事们邀功争宠，可你是否想到过，自己的工作方式是不是已经出了问题？

赵文文与一个男同事一起负责一个大型工程，但同事总是很自然地将大量的文字处理工作推给她。结果数百页的数据收集及计算工作使她远远地落在了同事进度之后。

大多数男人不愿插手从事细节工作，美其名曰“女人心细如发”。其实他们很清楚细节工作既费时费力，又不容易显出成绩，他们的目光只聚焦在能直接带来成果的工作上。

赵文文后来找到上司，明确了自己在工程中最主要的职责，得到授权后，她只承担投标文件中商务部分的文字工作，另外把主要精力放在了研究项目可行性的调查中，而她的搭档则要亲自完成技术部分的数字及文字处理工作。这样的调整，终于使赵文文的工作与业绩挂上了钩。

在职业场所，最有说服力的，不是你做了什么样的工作，而是你拿出

了什么样的业绩。即使你才华出众，工作起来不辞劳苦，没有被上层发现，也始终都是可有可无的小人物。

蒋小涵在学校时是有名的才女，不但琴棋书画无所不通，口才与文采也是无人可与之比肩。大学毕业后，在学校的极力推荐下去了一家小有名气的杂志社工作。谁知就是这样的一个让学校都引以为自豪的人物，在杂志社工作不到半年就被炒了鱿鱼。

原来，在这个人才济济的杂志社内，每周都要召开一次例会，讨论下一期杂志的选题与内容。每次开会很多人都争先恐后地表达自己的观点和想法，只有她总是悄无声息地坐在那里一言不发。她原本有很多好的想法和创意，但是她有些顾虑，一是怕自己刚刚到这里便"妄开言论"，被人认为是张扬，是锋芒毕露；二是怕自己的思路不合主编的口味，被人看作为幼稚。就这样，在沉默中她度过了一次又一次激烈的争辩会。有一天，她突然发现，这里的人们都在力陈自己的观点，似乎已经把她遗忘在那里了。于是她开始考虑要扭转这种局面。但这一切为时已晚，没有人再愿意听她的声音了，在所有人的心中，她已经根深蒂固地成了一个没有实力的花瓶人物。最后，她终于因自己的过分沉默而失去了这份工作。

你是否也有类似的经验：有些同事在会议中总是非常踊跃地发表意见，滔滔不绝，似乎有备而来。事实却可能是：他对提案没有你更熟悉，而且你手上准备的资料也比他更周全。但你从没有机会表达你的意见，结果主管不知道你的存在，更难想像你的专业程度。我们常说沉默是金，但也不要忘了，沉默同时也是埋没天才的沙土。

在玛格丽特·撒切尔的下院议员时代，她已经表露出了一个出色的政治家的基本素质。她回忆说：

议会本身曾是——而且现在仍是——一个以男性为主的地方。我发现，单从喧闹的程度就可证明这一点。不过，我不久就发觉这儿的男性为主并没有坏到男性偏见的程度。我欣喜地看到，只要对某个问题具有真正的、合乎逻辑的和有技术性的把握，就能赢得议会双方的尊敬。浅薄和虚张声势很快就会暴露。几乎不管是什么问题，议会双方都会有人就此提供大量专门的知识和有关的直觉看法，前、后座议员都会十分尊敬地聆听。

在为自己的提案做修改、润色和谈判的经历中我很快就学到了许多东西。至少我的发言不会空洞无物。当我在1960年2月5日星期五开始发言时，我早已将论点、论据熟记在心，因此虽然有点紧张，我还是不看讲稿讲了近半个小时。3位政府方女议员——帕特·洪斯比·史密斯、梅芬·派克和依迪斯·皮特从前排座表示了她们道义上的支持。我很高兴有200名议员参加了投票，我们大获全胜。我也对议员们个人对我表示的评价而深深感动，特别是议长拉布·巴特勒，他擅长做些含糊其辞的评论，但这一次他的祝贺对于一名新议员来说却是直截了当、真诚和热情的。

第二天的报纸清楚地表明，我的发言是成功的，至少目前我已是个知名人物了。《每日快报》惊呼“一颗新星在议会升起”。

在现实中，我们忙忙碌碌，以自己的时间精力来交换金钱，换取生活的必需品。每天都要面对多与少、得与失的考验，眼见前途渺茫，身心愈加疲惫。如果你想从这种心境中超脱出来，首先应当打起精神，把每天的事情当作一种事业来经营。女性的弱点，在于不能抓住自我、表现自我和捍卫自我，从而在心理上不能自我肯定，于是就失去了许多本来应该属于自己的机会。再好的酒也怕巷子深，女性如果想在职场上谋得一席之

地，除了自己努力之外，还要把握机会适时发表自己的看法，展现自己的优点。

抱怨100次，不如放手去做一件事

在工作生活碰到挫折时，那些心态成熟的人往往习惯于独自消化，他不会向其他人透露烦恼，也不会表现出自己焦虑的情绪，因为他清楚这对完成工作毫无帮助。而一些性格软弱的女性却热衷于抱怨，习惯私下向朋友或同事表达各种牢骚与烦恼，最后可能全公司的人都知道她经历的挫折。结果当然可想而知，谁会欣赏和提拔一个爱发牢骚的人呢？

赵琳研究生毕业后的一段经历颇能说明这一点。赵琳是比较懒散的那种人，不适合竞争太激烈的工作，所以毕业时当同学们都忙着拼命往外企或热门行业奔的时候，她不慌不忙地和一家私立学校签了协议，做起了老师。刚工作了几个月，赵琳就开始厌恶自己的工作。办公室里都是老同志，空气沉闷而压抑。她不屑于打扫卫生，抱怨都什么年月了单位还在打开水；单位组织去秋游，她觉得没意思就没去；办公室琐碎而无聊的生活让她很失望，她盼望正经八百地当老师。不久她开始正式给学生上课，没想到这更增添了她的烦恼：大部分学生是在混日子，课堂纪律在他们的影响下变得乌烟瘴气，杂乱无章。一看到讲台下面那一双双玩世不

恭、顽劣愚钝的眼睛，赵琳心里就泛起无名怒火。不知不觉中，赵琳成了一个暴躁的、不耐烦的老师，顽皮的学生并不怕她，想学习的学生又不敢接近她，反映到校长那里的评语几乎都是负面的，这一切让赵琳郁闷无比。加上学校原先许诺的高薪并没有兑现，赵琳还要和另外一个年轻老师同住一间宿舍，而住宿条件甚至比她上大学时好不了多少。赵琳对这一切都充满了情绪，她说得最多的话就是发牢骚。结果几个月之后，她就被辞退了。

产生种种抱怨情绪，甚至采取一些消极对抗的行动，这是人一种正常的心理反应。但是，如果我们老是一味地抱怨，而不用一种豁达大度的心态来对待人或事，就会将自己弄得狼狈不堪。抱怨毫无意义，至多不过是暂时的发泄，结果什么也得不到，甚至会失去更多的东西。

但是，如果我们从另外一个角度，用一种豁达大度的心态来对待它，就会将这种不公正当作对成功者的一种考验。容忍和以德报怨是一种成熟的标志。一个将自己的头脑装满了过去时态的人是无法容纳未来的。聪明的做法是停止计较过去，停止对自己所遭遇的不公正待遇耿耿于怀。

其实，无论在工作中，还是在生活中，我们经常会遇到许多羁绊和束缚，对于它们，我们毫无办法。殊不知，囚禁我们的不是别人，而是自己，是我们不健康的心态和偏激的态度。当我们的生活不如意，做什么都不顺利的时候，有的人往往抱怨自己没有碰到好的机会，或者没有遇到好的环境。但很少有人会反思自己在个性上有什么问题，或者工作中有什么毛病。因此在抱怨一番之后，情况依然不会有什么改变。

人生在世，谁不渴望出人头地？美国成功哲学演说家金·洛恩说过这么一句话："成功不是追求得来的，而是被改变后的自己主动吸引而来

的。"我们之所以没有成功，是因为在我们身上存在着许多致命的缺点，如自私、傲慢、急躁、没有明确的人生目标、缺少自信、做事情不脚踏实地等，这些缺点严重制约了我们的发展。只要对自己进行深刻的检讨，采取改进措施，你的精神面貌就会发生巨大变化，会感觉到自己在一天天地向成功迈进。

"欧洲女管家"，德国总理默克尔习惯长久地、周密地考虑某事，一旦考虑成熟，就会果断地采取行动。如同她年轻时在跳水时，会在跳板上一直考虑 45 分钟，而一当铃响，就会跳下去。

从政以后，她的个性在她的职务中发挥到了极致，使得人们从来不敢低估她的能耐。她不断实践她的崇拜者前西德总理阿登纳的名言："一名政治家不仅需要博学多识，敢于面对现实，善于思考，而且还必须勇敢无畏。"1994 年，科尔任命默克尔为联邦环境、自然保护和核安全部部长，这个职位对于当时在基民盟中资历尚浅的默克尔来说是个巨大的挑战。在新职位上，默克尔刚上任 3 个月就让一位德高望重的国务秘书提前退休。面对人们的质疑，她干脆利落地回答："在我的部里，我有权制定基本方针。"这件小事充分展示了默克尔一旦有了自己的决定后，就会坚决执行，不会受到其他方面的影响。默克尔在后来应对环保人士对运送核废料的抗议问题上，也一直保持着强硬态度，她亲自上阵向反对者解释自己的政策，面对示威者毫不退缩，表达了决不屈服的鲜明态度。

以做事业为目标的女性，不论在工作中碰到困难或是挫折，都不要私下向朋友或同事表达各种抱怨与烦恼。那样做既解决不了原有的困难，反而换来团队成员对你的不信任。不要期待别人替你解决烦恼。面对困境，抱怨是无济于事的，只有强有力的行动才能改善处境。

第八章

跟第一夫人学傲气：

不要被感情扰乱了你的步子

成为《花花公子》的封面女郎是许多女人的梦想，但我更想被载入《时代》杂志，这才是我的风格。

——前乌克兰总理季莫申科

学会给幸福下定义，回避“不够资格”的男人

女人们在她的孩提时代和青春岁月里，幸福总是以一种简单明朗的面目出现的。师长的夸赞、心爱的衣裳、男孩子倾慕的眼神，都是幸福的发源地。这种幸福触手可及，然而并不牢靠，即便一次小小的变故，对女孩儿的承受能力都是一种沉重的打击。于是，当有一天女孩子拥有了成熟婉约的气质，有资格被称为女人的时候，她们会明白唯有自己可以掌控的幸福，才是幸福的实质。

女人获得幸福的最普遍也最可靠的途径，无过于以事业为基础，来保持自己的安全和独立。而为了使你的幸福不受侵蚀，你还要学会回避那些可能给你的幸福减分的男人。

安小如的父亲，是改革开放后中国大陆的第一代富人，她从记事起，家里就有保姆，有私家车，在安小如的生活里，苹果里吃出一条虫子，就是了不得的大事。

上大学的时候，安小如爱上了中文系一个家境普通、性格孤僻而高傲的男同学，两人好得像一个人似的。尽管家人反对，安小如却不为所动。毕业后，他们在学校所在的城市找到工作，结婚的事儿也提上日程。安家毕竟是心疼女儿的，出资帮他们买了一套两居室的房子。

在单位，安小如做得并不顺心。直率、骄傲的性格，使她无意中得罪了不少人，受到大家的排斥。回到家里，丈夫又常常有意无意地拿自己的妈妈做榜样，埋怨安小如不会做家务，不会理财管家。甚至安小如在每个月的生理期都会腹痛的毛病，也得不到他的体谅，因为“从来没有见过这样的女人！”

春节回父母家，安小如一见爸爸妈妈眼泪就往下掉，把自己的苦恼一五一十地全倒出来。安小如的父亲大怒，指责女婿住安家的房子，用安家的钱，却又欺负安家的人。这大大地伤了年轻人的自尊，当天就收拾行装回去了。

冷静下来之后，安小如和丈夫都认为自己从对方身上找不到家庭的温暖，不如好聚好散。

离婚后，安小如回到父母的身边生活。昔日小圈子里的朋友，一个个依然金童玉女一般。经历了生活的沧桑和婚姻之变的安小如，和他们已经很难融合，连过去一些铁杆的追求者，见面也只是淡淡地打个招呼而已。

安小如意识到，无论对于哪一种生活，如今自己都只是一个观望者。失去的岁月，永远也找不回来了。

安小如本身，当然也有她的不足，但是她最大的错误，就是没有选择好结婚的对象。如果她明白漫长的生活的分量并不比单纯的感觉轻，就应当在选一个与自己“合拍”的男人上下点儿功夫。结婚双方的家庭或本

人如果经济、地位、学识、成长的环境等相差较大，结婚以后一般不会幸福。随着时间的推移，两人的价值观念、消费观念、文化、娱乐、卫生习惯、感情要求等生活的方方面面都会格格不入，他们都会坚持认为自己是对的，对方是错的，要求对方忍让和改变，久而久之，他们就不再是平等的关系，婚姻也因此出现危机。

明智的女人，应当知道自己在感情上最需要的是什么。

美国前国务卿赖斯被媒体誉为“华盛顿最红的人”，在国内不乏追求者。更有意思的是，2000 年 8 月，赖斯访问以色列时，曾与当时尚未上台的沙龙进行过会谈。沙龙后来对记者说，他为赖斯的魅力深深吸引，以至于根本听不进她究竟在讲些什么。

这样一个女人，人过中年依然不结婚就让人十分费解了。

但是赖斯并不认为事业影响了她的个人生活。她说：“我不成家是因为我从来没有碰到过任何想与之共同生活的人。我认为，我在生活中保持了平衡。我不是一个工作狂，我也有休闲时光。”

有人认为，赖斯身边的男人都太优秀，令其他男士颇感自卑。在这些年的从政生涯中，赖斯的知己都是美国政界的巨头，如布什、斯考克罗夫特、舒尔茨等。赖斯的助手评价说：“赖斯是能在强有力的男人中巧妙周旋的人。”

即使至今还没找到感情归宿，赖斯并没有放弃对婚姻的向往。她曾表示：“我确信，如果上帝安排我和某人结婚，就一定会把那个人带到我面前。”

现实之中，每个人都有自己的追求，你尽可以寻找适合于自己的生活方式，但是赖斯的选择，还是可以给我们一些启示的。宁缺勿滥，保持

清醒，应该是每个正在步入婚姻的女性的戒条。

女人在恋爱时看重的是此时此刻的感觉，婚姻却要通过漫长的人生考验。有些女人认为，嫁给不能让自己完全动心的男人一定不会幸福，其实并不一定，现实中这种婚姻幸福美满的几率却很高。当然，前提是他“值得爱”。在婚后的平淡生活里，当拥抱和亲吻都没有感觉时，夫妻间的爱情需要智慧来维持。结婚后仍能让妻子拥有不少礼物和旅行的机会，又懂得浪漫而且性格好的男人，会让女人愈来愈爱，愈来愈满足。

女人对幸福的定义的理解，决定了她将选择什么样的生活。学会别让不合格的男人牵制你的脚步，这虽然还不能从此使你的一生一帆风顺、高枕无忧，却不至于让你在年华渐去的时候，还为艰辛的生活而懊悔不已。

对再喜欢的男人，“倒追”也要谨慎从事

在这个时代，爽快、果敢而泼辣的女孩越来越多，那种以含蓄内敛为美的女子，看起来似乎有些落伍了。在男人与女人的感情世界里，女性主动示爱甚至“倒追”的情形并不少见，当年在小 S 徐熙娣和许雅钧、张柏芝和谢谢霆锋之间，都上演过一幕幕女追男的好戏。这些女子有情义、有性格，赢来了不少旁观者的掌声。

女追男并非坏事，但是明星就是明星，她们的行事作风，对于天下众多的女性没有多大的参考价值。主动的女孩，都是有她自己的资本的，万人瞩目的名气、鲜明的性格再加上美貌如花的外形，男人最终缴械投降也是情理之中的事儿。准备“学习、学习再学习”的后来者，就要掂量一下自己的资格了。

何蓝在一家房地产公司上班，同事中有个大她四五岁的男人，英俊、有才气，又总是一副彬彬有礼的绅士款，公司的女孩集体找不着北了，何蓝也为他着迷。

先是给他发热辣短信表示好感，接着何蓝又主动约他吃饭。开始那帅哥不为所动，何蓝就穷追不舍，每天一下班就守在单位门口等他，就这样，他们越走越近，但除了过街时牵她的手之外，这个男人就跟“五好男人”一样，不肯越雷池一步。

与此同时，他对公司另外一个女孩子似乎也有了好感。何蓝有点着急了，她明白一个道理——先下手为强，后下手遭殃。

不久机会来了，在公司年会上，何蓝有意多喝了点红酒，然后由帅哥开车送她回家。到了她租住的地方，何蓝腿软得上不了楼，帅哥只好连拖带抱把她送上去。

那晚之后，何蓝正式成为了他的女朋友，公司其他喜欢他的女孩，只能以艳羡和嫉妒的眼光看着。那一刻，她很得意，也很满足。

此后他们的关系进展不错，同出同进，俨然一对小夫妻。但是半年后，帅哥跳槽了，同时他提出了分手。何蓝虽然是思想很新潮的女孩，毕竟这对她也是一个不小的打击。

过了两年，何蓝在超市遇到旧情人，他已经结婚了，太太长相一般，

但是看起来很温柔文静的样子。何蓝实在看不出她比自己强在什么地方，更不知她有什么魔力可以收服男人的心。

在男女情爱中，最普遍的真理，是男人的动物性强一些，女人的植物性强一些，蝶恋花是正道，花追蝴蝶，就有点力不从心了。男人的动物性，表现在他们更喜欢通过追逐和进攻获取自己的猎物，如果直接把食物送到他们嘴边，他们感觉会不爽，也就谈不上多么珍惜了。

在获得《时尚》（vogue）杂志举办的以全国女大学生为对象的表演大会第一名后，杰奎琳以令人羡慕的优异成绩从大学毕业了。

不久之后，杰奎琳通过工作关系认识了比自己大12岁的约翰·肯尼迪，从家世到性格，肯尼迪对女人都有着致命的吸引力，可以说是王子中的王子。

但是认识肯尼迪以后，杰奎琳对肯尼迪却显得漠不关心，甚至有些冷淡。她十分巧妙而又有意识地和他保持距离。对肯尼迪来说，像杰奎琳这样的女人还是第一次遇到，这个女子引起了他的兴趣。

杰奎琳从来不太打扮自己，这与那些在发型、化妆和服装方面恨不得把自己打扮成芭比娃娃的其他女人相比，杰奎琳显得清新而质朴。她到底是一个什么样的女人？肯尼迪在不知不觉中被她吸引住了。

每天杰奎琳在肯尼迪的办公室里上班，独自完成难度极高的资料编辑工作，而且还翻译了肯尼迪需要的各种外文书籍，并主动处理了运营办公室所需要的各种复杂的事情。同时，她还亲自替肯尼迪为他的客人准备午餐。不管肯尼迪到哪儿，她都拎着他的文件包紧随其后。每当有政治性晚餐时，她都会与肯尼迪一同前往。

但是，她却屡屡拒绝肯尼迪的约会。并且还与一些条件不亚于肯尼

迪,既有名气,又很富有的英俊男人交往,故意将自己在这些男人中间的场面展示给肯尼迪看。

敢采用这种方式玩弄肯尼迪的,这个世界上还没有第二个人。杰奎琳越是耍弄他,肯尼迪就越想抓住她。让当时美国最优秀的男人肯尼迪成为自己丈夫的那天晚上,杰奎琳在日记中写道:"我终于将参议院最有希望的男人掌握在自己手中。"

男人就是这样,你越高高在上,他就越顶礼膜拜,你越不冷不热,他越知难而上,你越神秘,他越好奇,你越被动,他越主动,真要有一天,你在他面前一览无余了(无论是肉体还是精神),他反倒摆出一副大功告成的样子,准备鸣金收兵了。

美国影片《偷心》里有一个情节,女主角问男主角他为什么疯狂地爱着另一个女子,"是因为她成功了吗?"男主角回答说:"不,是因为她不需要我。"

对于中国的男人来说,他们更喜欢含蓄、内向型的女性。所以当你对某个男人热情似火时,首先要有这样一个心理准备:"女追男隔层纸",他可能无法拒绝你的诱惑,但这不代表他从此为你停留。如果你不介意在他的生命中只做一段插曲,那么你可以选择主动接近他,谈一次快速的恋爱;如果你想做主角,想得到长久的爱情,那么还是矜持一点为妙。

别担心这样会使你错过了好男人。假如他是你的同学、朋友或者同事,那么你们的缘分长着呢。何必急于一时。即使是一个漂亮的女子,如果在一个男人眼里缺乏自持的话,她也会变得很丑。相反,即使你外表不是很出众,你有礼有节的风度和自信的态度,会让他相信你是一个魅力四射的女子。最聪明的做法,是以其他名正言顺的理由接近他,让他发现

你的优点，然后，你可以稍稍拉开你们之间的距离，调足他的胃口，唤醒他进攻的欲望。假如你和他只是在咖啡厅、酒吧或其他一些公共场所偶遇，主动搭讪更是不够明智。在你还不了解他的性情和背景的情况下，主动就是冒失，更重要的，在这种场合结识的女人，很难得到他的珍重。天下之大，好男人多去了，你只当风景看看罢了，不值得飞蛾扑火似的给自己找罪受。

聪明的女人，可以主动去爱，但永远别太主动地“示爱”，即使你们之间的一切机会都是你在暗暗推动，至少在表面上，也让他感觉自己是一个进攻者。

寻找比约会更有趣的事

女人，不管你的外表是美的还是丑的，也不管你的心智是聪明的还是愚笨的，都要凭着自己的心性去过自己想要的生活，要为自己活着。相信这句话，你不要去为任何人而活，包括你爱的人。你可以全心全意地爱他，但是你不能为他而活。

有一个男孩非常爱一个女孩，在他的眼里这个女孩是那么地纯洁善良，就像天使一样。而这个女孩也很爱这个男孩子，在她眼里，只要这个男孩想要做到的事，没有不能达到的。当这个女孩大学毕业时，这个男孩

已经创立了自己的公司，而且运营很好。所以，女孩毕业后，男孩让女孩留在自己的身边，没有让她去找工作，不久他们结婚了，生活很美满。

女孩把男孩子当成自己生活的全部，她每天给他煲汤、熨衣服，让他有足够的好身体、好心情出去打拼，他的成功就是她的成功，他的快乐就是她的快乐。偶尔参加一次旧日同学朋友的聚会，女孩和她们也找不到更多话题。职场的是非，她不懂，生活的艰辛，她也没有体验，而且那闹哄哄的场面，也让女孩很不适应。渐渐地，她和大家都疏远了，每天只在家里养养宠物，看看电视，时间也就打发过去了。

这样幸福的生活持续了三年。直到有一天，女孩子正在家里浇花时，男孩的公司来人告诉女孩，总经理出车祸了。女孩听到后，因为极度伤心晕倒了。当她醒来却发现，她的丈夫已经离开了人世。

女孩对公司的事一无所知，他们的公司很快倒闭破产了。女孩自己又挣不来钱，她不得不变卖了房子，自己住进了条件很差的出租屋。

工作不好找，但是生活还是要继续，灰心失望之下，女孩开始用酒精来麻醉自己，最后，她竟然堕落到用身体来换钱的地步。

不是每个女孩都可能遭遇这样的天灾人祸，但是生活中的变故多着呢？即使你身边的男人一生平安，你能保证他的心永远不变吗？再美丽的女子，也有看厌的时候，再轰轰烈烈的爱情，也有归于平淡的时候，到了那时，你还能抓住什么呢？

碰到一个爱你的、能够保护你的男人是一种幸福，但是一定要记住，无论是哪个人来保护你，都没有自己保护自己来得实在。

前法国第一夫人布鲁尼在早年做模特时，就有很强的危机感。她坦率地说，在这个行业中，随时都会有比自己更年轻、更漂亮的女孩出现。

正因此，要想成功，重要的是找到属于自己的东西，这样才能使自己成为“不可替代的”。这种被人取代的危机感一直伴随着布鲁尼的模特生涯。在成为世界顶级模特后，布鲁尼的年收入高达750万美元，但布鲁尼的头脑很清醒：“我的收入虽然比医生、物理学家还要高，但他们是不可替代的，而我们则正好相反。”

虽然不少设计师都对布鲁尼受过良好教育这一点印象深刻，但布鲁尼本人一直对外界对时尚界的偏见愤愤不平。在接受英国《独立报》采访时，布鲁尼为自己辩解说，“人们总认为模特浅薄，但我哪怕是在做头发、化妆时，也会在《时尚》（Vogue）、《她》（Elle）杂志里头杂带着俄国作家陀斯妥也夫斯基的书。但如果说我比同时代的其他模特更聪明，这可能有点自命不凡。我只是对所有事情都感兴趣。”

布鲁尼清楚，一个仅仅靠脸蛋和身材吃饭的模特是没有长久“星”途的，因为她很快就会被人遗忘。因此，早在模特生涯的高峰期，她就已经在筹划自己的未来。比如说，作为“滚石”主唱贾格尔的女友，布鲁尼在90年代初期曾经随着“滚石”乐队旅行，并从中学到了很多对她日后转行当歌手非常有用的东西。她曾对意大利一本杂志回忆说：“那段经历很有趣，很有激情，我从他们身上学到，或者说吸收了很多东西。他们都是特别的人，充满创意，同时又很简单，工作时很守团队纪律。”

正如布鲁尼所说的，到处都会有比她年轻、漂亮的女人，但一个同时兼具美丽、优雅和才华的女人，在这世上并不多见。这样的一个女人，不论是做模特、歌手，还是日后成为“第一夫人”，她同样都游刃有余。

当一个女孩以温柔体贴的形象站在男人身边，陪他一起生活的时候，她可能会忽略了自己的发展。如果在他的世界里，灯红酒绿，人来人往，一

回头，却孤单寂寞，冷冷清清，这种反差，绝对于女性的身心发展不利。

无论对任何人，付出的底线，是不丢掉自己的生活。跟男人约会甚至结婚是一个女人生命里的一种历程，而绝非她的全部。当一个女人把男人当成生活的圆心，以家庭为半径活动时，她的各种生活能力就会逐渐退化。这时候如果她的感情生活再出现一些变故，结果肯定会产生命运的悲剧。

并非一切以伴侣为重才是爱他，当你的风采逐渐消失，能力逐渐退化时，对你的感情和家庭生活又有什么好处呢?

每个人都是独立的，女人首先要为自己而活，把自己调整好了，自尊自强自爱，生活才会更有价值，这样的女人身上才会散发出迷人的芬芳。作为独立的女人，平凡的人生并不意味着平淡，在适当的时间做一些适当的事，照样可以活得精彩。

保持神秘感就是保持吸引力

在人与人之间的社会交往中，不可能是完全透明的，人们大都需要以拒绝、限制、保持距离、制造神秘的方式来维护身份。当人们摸不清你的心思，掌握不了你的动向时，你的吸引力反而飞速提升。

这条法则，在男女之间同样适用。

1558 年，英国女王伊丽莎白一世登基，每个人都想为她找个丈夫。许多年轻又有身份的伯爵都展开竞逐，期冀得到女王的青睐。她不阻止，也不拒绝，她十分平静，每个前来求婚的人似乎都能从她的眼神中看到她喜欢自己，但是谁也把握不准她到底喜欢哪一个。

伊丽莎白不发表意见的态度，让她成为一颗遥远的星星，成了所有人崇拜的对象，成了人们心中女神的化身。她每天都生活在他人的赞美之词下，人们称她为“世界女王”，甚至认为她能够决定天上星星的运行轨道。有一些胆大妄为之徒想尽办法来诱惑她，但是，他们不会从她身上得到任何好处，她一直提着他们的兴趣，让他们围绕在她的周围听她调遣。

西班牙的领地法兰德斯和荷兰领地的叛乱是伊丽莎白时代最重大的外交议题。是否继续与西班牙保持联盟的关系，是否选择法国成为其在欧洲大陆的主要盟友，一直困扰着英国的外交政治家。后来，英国决定与法国结盟。法国国王的兄弟安茄和阿连肯公爵被社会舆论认为其中之一会娶伊丽莎白。伊丽莎白让他们每个人都抱着殷切的希望，但是，还是没有任何实质上的举动。

在以后的几年中，安茄公爵在公开场合亲吻伊丽莎白，甚至称呼她的昵称，但是，伊丽莎白一直在这两兄弟之间周旋。又过了几年，英法两国签订了和平条约。

伊丽莎白一直保持独身，她在位期间，英国从来没有发生过战争，社会经济和文化艺术都得到了很大的发展。

身为英国统治者，伊丽莎白用自己的方法将避免婚姻和避免战争合二为一，她依靠不确定的婚姻寻求结盟。投身于一方，必然会损害另一方。她必须让每个人都对她抱有希望，才能在你来我往的竞争中取得胜利。

伊丽莎白很好地掌握了进退规则，她不但控制了权力，而且控制了身边的每一个男人。所有的成功均来自于她保持独立的立场。在权力的竞争游戏中，她成了所有人崇拜的偶像。

伊丽莎白是女王，她能搞定围绕在自己身边所有的男人。普通的女人，身边大都只有一个普通的男人——至少在某一时间段是这样，如何你连这一个男人都防守不住，从身体到心灵让他一览无余，实在地，这是做女人的失败。

事实上，完全没有隐私的女人，会让男人失去探索的欲望，最好的结果，也只是维护一段平淡的感情而已。

不管你们同在一个屋檐下已经多久了，倘若要保持持久的迷人状态，最好是在家里也能注重衣着。有些人喜欢进行鸳鸯浴，偶尔为之是可以的。若沦为每日的功课，朝晚赤裸相对，对相互的吸引力绝对是一种严重的伤害。

性感女星莎朗·斯通提醒女人们，"什么都不穿，一览无余，反而没有想像空间，不见得真性感，若隐若现效果最好。打开上衣扣子的穿法，令人血脉扩张，立刻性感。"得宜的衣饰，比完全的赤裸更具吸引力。浪漫的蕾丝，轻柔的雪纺，含蓄素雅的棉布，都可以完美地诠释女人的独特气质。偶尔可以在身上搭配一两件配饰，温润的珍珠，色彩艳丽的玉，都能为女人的风情加分不少。

如何向你现在的爱人交待你过去的性爱关系，是个历史悠久且备受争议的话题。有些女性表示，受到被迫吐实的压力愈来愈大，其实她们是感到有道德义务向伴侣招供所有的过去，想以此获得他的信任，用以表白自己对他爱的程度，可事实却并非如此，你过去的恋爱史可能因此而

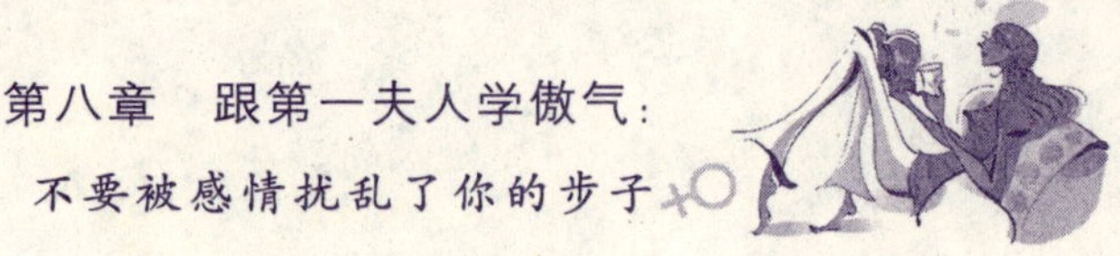

成为他心中的芥蒂。

守口如瓶并非隐藏过去，而是拒绝沉溺于过去并且以别人的标准被下判断，并拒绝让面前的男人评判你昔日的选择。讳言过去并非不友善，而是避免你的人生陷入无聊的比赛和嫉妒之中。

事实上，他从别处知道或猜想你从前有别的男友是一回事。但亲耳听到你告诉他，他对你的感觉则又是另外一回事。可见承认过去的恋爱史，是既不理性也不自觉的。在肯求爱人泰然接纳你的过去，尤其是那些连你自己都无法面对的回忆之前，必须先花好几年的时间来建立稳固的信赖和承诺，即使如此，你也毋需具细无遗地告诉他一切，以免让你的过去成为目前关系的阴影。

再想一想，闲谈时涉及旧男友，你将如何评价他呢？一是说过去的男友不错，二是说他一塌糊涂。而任何一种答案，都会令丈夫不快。你要说过去的男友不错，他会想："既然如此，你有没有可能旧情复燃，背叛现在的家庭？"如果你说过去的男友一无是处，他会想："是不是全是他的错？她是不得已才嫁给我的吗？"与其惹起这一连串的麻烦，不如当初就淡然应对好了。

爱人之间坦诚相对，不等于就要失去自我，要知道，你的过去和他一点儿关系都没有。

再优秀的男人，都不值得你去迁就他

成功男人可以带给女人的东西是很实在的，比如自由、尊贵和享受。金钱地位的魅力太大，所以有一些女孩，一看到那些风度翩翩的男人的影子，立即头脑发热，脚步发飘，浑然忘记了自己的矜持。

女人的"眼光"，说到底便是她给自己的定位，是在人前呈现出的姿态。女人最忌讳的是做路边的野花。迎风点头笑，谁都好伸手摘得。这是自行贬价，再美也是枉然。对男人，一旦抱着"因为你喜欢我，我便感激不尽"的心态开始了第一场约会，把自己降格为一朵野花，除了招蜂引蝶，不会有更好的作为。

要做一朵高贵的玫瑰，首先你要有玫瑰的作风。

成功男士需要爱情，但他需要的爱情一定要有分寸，因为，女人的爱情是男人，成功男人的爱人是事业。挑战成功男士的爱情，切不可走入以下误区：

在衣着装扮上，穿适合你风格的衣服才是最重要的。如果你拿不准自己属于什么类型或者喜好总是在改变，那么走淑女路线最为稳妥。清淡优雅的颜色，简约的款式，最能体现出女性的修养和自信。切不可只为了吸引他的目光，而把自己装扮成一只开屏的孔雀。并不是所有的有钱

男人都喜欢女明星一样耀眼的光彩。所以，在你决定以暴露、夸张的装束给对方一个注意你的理由时，你最好有100%的把握——那正是他所欣赏的装束。否则，他会认为你是一个缺乏自信、品位不高的肤浅女子。

也许你已经在心中祈祷数年，希望自己找一个有钱的老公，但是无论如何，你不能主动给他“买钻戒”、“如何筹备婚礼”之类的提醒。那样只能加深他的疑惑：我们才约会几次，她就暗示我求婚，莫非她有什么其他目的……瞧，这个男人就这样被你的热情吓跑了。

“送我上楼”、“来我家”式的邀请更是糟糕。这些话常常会产生歧义，对女性来说，邀请男性到自己家中小坐，绝大多数情况下并不是一种性的暗示，而是一种友好、信任的表现。但是男性却可能误解，并且在心中勾画从香槟、性感内衣、直至床上的好莱坞经典情节。如果你不想让你们的交往过程中出现尴尬的场面，那还是在你家门前礼貌地告别为好。

过快地将两人的关系带进实质性阶段是非常不明智的做法。虽然你可能出于真情，但是对方却会对你的人品有所怀疑，他会认为你和任何人都很随便，或者你不遗余力地想和有钱男人“搭上”。肉体关系当然可以使恋爱关系有质的改变，但是没有坚实情感基础的肉体关系往往难于持久。

你越是接近他，越是要保持自己的风度。如果交上了有钱的男朋友，就表现出不可一世的样子，对男友的下级雇员和“穷朋友”都瞧不起，甚至会以男友的名义向他的下属下达命令，好像你已经是某某夫人了。这样的言行会给人以小人得志的不良印象，众人的不满之辞一定会传到你男友的耳朵里，如果有一天他突然要和你分手，你可别怪别人破坏你们的关系。

如果你是一个爱上成功男人的女子，那么，建议你和他真诚、坦率地交往，不必太拘谨，也不必太“有目的性”，记住，只有真实平等的关系才是长久的。

1988年，米歇尔毕业后回到芝加哥，供职于一家著名法律事务所。正是在这间事务所，米歇尔认识了她的丈夫奥巴马。当时奥巴马对米歇尔展开了不懈的追求，但米歇尔却觉得这种办公室恋情难以发展，还曾经拒绝过奥巴马。但奥巴马“不屈不挠”的进攻最终打动了米歇尔，她很快在事业上和生活上都成为奥巴马不可或缺的伙伴。

但米歇尔不满足于在律师事务所终老。她选择了公共领域来展示自己的才能。1990年，在通过当时的芝加哥市长办公室副主任的面试后，她很快得到了一个在市政府工作的机会。同年，她和奥巴马也步入了婚姻的殿堂。

婚后的米歇尔并不是一个家庭主妇。她一直在公共服务领域为大众服务，目前在芝加哥6个机构的理事会中担任职务，同时还是芝加哥大学医院里的副主席。

2004年，奥巴马决定竞选美国国会参议员。当他惴惴不安地将这件事和妻子商量时，米歇尔先是直直地看着他的眼睛，随后给了他一个大大的拥抱，同时还轻松地说道：“伙计，你可别太紧张了！”这句话让大家一起笑起来。在妻子的支持下，奥巴马过关斩将，成功当选。

成为第一夫人之后，米歇尔继续保持她轻松愉快的个人风格。在西方传统节日万圣节前夕，米歇尔在白宫接受了NBC电视台的专访。当被主持人问及奥巴马总统有哪些让人厌烦的“坏习惯”时，米歇尔打趣到：“啊，那简直太多了，需要列一个表出来。”第一夫人的幽默感也引得在场人阵阵笑声。

主持人最后还问到，每当奥巴马总统演讲结束时，米歇尔在他耳边都会说些什么呢，没想到这位第一夫人的回答出乎意料，她说："我通常都会问他，你把你的那些垃圾都倒出去了？"

这就是米歇尔的风格，即使丈夫掌舵一个超级大国，她也有本事把他拉到一个平凡人的位置，对"第一夫人"这个角色，演得出神入化。

追求更为美好的生活永远都没有错，所以，当你遇上一个令你心仪的成功男人时——一定要珍惜。但是，和成功男人相处一定要有一颗宁静的心，你的浮躁只会令你们的感情越走越远。总而言之，有一句话你必须要牢记——他和你没有什么不同，你们是平等的。

别认为"为结婚而恋爱"太庸俗

在原来的农耕社会，女人要依靠男人的力量才能活下去，没有婚姻的女人，简直无法在社会上立足。今天的女人们神气起来了，一个女人如果有学识有水平，找到一份好工作不成问题，获得一份让自己生活优裕的薪水自然也不在话下。外出有车子——出租车也算数，娱乐有朋友，维修房子有物业，男人，似乎可以退到一个可有可无的位置了。

然而，单身女性真的可以生活得很幸福吗？

不。在现今的社会模式中，婚姻依然是每个适龄女子的首选。

一个人生活，你能平静地面对父母焦急期盼的眼神吗？你能无动于衷地面对外界的关心和好奇吗？你能在看到日渐萌生的白发和皱纹时不焦虑吗？你能在看到朋友同事可爱的孩子时不失落吗？我们不否认，有一些女性，从内心里就不喜欢婚姻，一个人生活也能自得其乐，但是对于大多数女人，还是走一条与大众同化的道路，更容易获得幸福感和满足感。婚姻之内，也有争执和龌龊，但这叫“烦恼”，是易来易去的；一个人走，欢乐和痛苦都落不到实地，这叫“忧心”，在你漫长的生活里，它总是时隐时现，吞噬着你的美好生活。

美国电影《B.J.单身日记》大胆地向世人宣称：“我已彻底厌烦了单身生活！我要结婚！”其实这也是大多数单身女人的心声，因为她们已经不再年轻，对男人毫不在乎的日子已经成为过去。有一些女人，约会无数，恋爱无数，但是几乎没有和哪个男人维持过稳定的关系，男人们不肯结婚，连一句承诺也得不到，这使得现代单身女性陷入最深切的不安全感之中。

女人的恋爱，寻找一个合适的拍档是最主要的问题。这就比如两个人合伙经营一种生意，一方是希望做长线，以此获得稳定的生活，一方却瞻前顾后、犹豫不定，那么他们合作的前景，又能好到哪里去呢？

你的愿望是婚姻，他的目的是实践，这种男人对女孩的伤害是不言而喻的。为了不让自己陷进去，你需要一开始就擦亮眼睛，对他有一个准确的判断。

他是否从未带你进入他的世界？你可认识他的朋友兄弟？也许两个月还谈不上拜见公婆，他是否连家里和办公室的电话都不肯给你，只让

你在流动状态下找他？仔细想想，你们是不是这样的联络方式——他随时可找到你，你要找他就不那么容易，多数情形下傻乎乎地等他的回音？不是说男朋友一定要以你为荣，时时处处地带你在身边出双入对，但若他喜欢让你处于地下状态的话，你可以认为他随时准备结束这段恋情。

如果你认为自己不是一个只靠恋爱就可以活一辈子的女孩，离他们远一些，是避免受到伤害的不二法则。

对女性来说，同居不是明智的选择

如今的社会风气已经很开化，人们对于青年男女婚前的亲密行为早已司空见惯，当成很平常的事儿。现在再讨论这个话题，似乎有些老土，有些落伍了。但是我们抛开社会的、道德的层面，仅从女孩自身的利害看问题，那种过于豪放的作风也是不适宜的。

我们喊了多少年的男女平等，而事实上，现代中国的社会里依然保留着男权的印迹，换一句话说，就是我们的社会在男女关系上，依然是对男性宽容对女性苛刻的。男人只要还不够判刑进监狱，犯一点风流过错是算不了什么的，他什么时候想回头都来得及，对一生的影响并不大。他照样可以打工创业，娶妻生子，堂堂正正做人，没人去干涉他的私事。女性则不同了，如果她不小心结交了坏男人，不管是心甘情愿还是上当受

骗，污点都永远是污点，以后再谈情说爱，也会因为这一段经历失分。这种状况实为不公，但几千年来的文化习俗就是如此，我们既然改变不了它，那么不如顺应现实的世道人心，好好地爱护自己。

单身女性在社会上生存不太容易，她们常常会觉得自己很孤单、很无助，这时候，也就是她们很难把握好自己的时候。

蓉蓉是某酒楼里的一名服务员，她年轻又漂亮，与她同在酒楼里工作的调酒师欧阳一直暗恋她。蓉蓉的家乡在千里之外，在这个城市里没有几个好朋友，她虽然不太喜欢欧阳，但是又很享受他的殷勤，下班后经常和他在一起消遣。

欧阳有辆二手车，时常拉着蓉蓉看夜景，当然，他们在外面的消费全由欧阳买单。有几次陪蓉蓉逛街，看到她对着喜爱的衣物不想走，欧阳就大方地买下来送给她。

蓉蓉觉得自己亏欠了欧阳，对他的亲热举动总是不好拒绝。有几次，趁着酒兴和美丽的夜色，他们还在车里发生了关系。这在蓉蓉，是一种安慰和报答；在欧阳，却已经当成这是对他们感情的默认，不管蓉蓉怎么想，他一直就以她的男朋友自居。

半年后，蓉蓉认识了一个当地的公务员，很快便被对方的才气和家庭背景吸引住了，加上对方的鲜花攻势，便做了他的女朋友。不久后，两人的恋情公开。别人都羡慕蓉蓉找到了好依靠，蓉蓉自己也觉得很幸福。

当欧阳得知这一消息时，如同一瓢冷水从头上泼下来，他跑过去质问蓉蓉："我们的关系已经到了这个份儿上，你这样做是不是有点儿不自重了?"蓉蓉一急，就抢白他说："到了什么份儿上，我答应过你什么吗?承诺过你什么吗？"

欧阳自然心有不甘，他认为自己被蓉蓉玩弄了，于是威胁她，如果不给自己一个说法，就要给她泼硫酸，让她毁容。

望着欧阳扭曲的面容，蓉蓉才意识到问题的严重性，但是此时面对这一团乱麻般的关系，她也不知如何是好。欧阳更是心情极差，天天借酒浇愁，工作上时常出岔子，不久后就被酒楼辞退了。

欧阳认为这一切的打击都是因为蓉蓉而起，他扬言要报复蓉蓉。蓉蓉知道欧阳是个说得出做得到的人，她不得不辞了工作躲起来。蓉蓉回老家后不久，她的公务员男朋友也跟她分手了。

经常有这样一些女孩，或是因为情感上处于空白期，或是没有更好的人选，对追求自己而自己又没有好感的男孩，来者不拒。她们一方面享受着别人付出的感情和物质好处，一方面又在暗暗寻找着条件更好、更适合自己的男友。她们以为自己很聪明、很开放，却不知很多不幸的种子，这时候已经埋下来了。

在和异性交往中，讲清楚自己的感受——是爱情或者仅仅是一般的朋友，不随便和他发生亲密的关系，这应该是每个年轻女人的底线。这不是为了“清白”或者“道德”之类的东西，我们只是不应该把一生的幸福，毁在某一种暧昧的关系中。

被视为事业女性、“知性美女”代表人物的杨澜，曾经忠告年轻女孩说：“女孩不能因为有了美貌就可以陷入自满中，有着美丽的外表又有着智慧的内在才是优秀的女人，请女孩们合理地利用自己的美貌，千万不要因为自己短暂的美貌而让自己沉沦 。”

当一个女孩走过了孤独寂寞，找到自己心仪的男人时，是不是就可以完全放松了呢？

这也不能一概而论。

女性在这时候要考虑的主要是自己的年龄和是否做好了结婚的准备。很多女孩在20岁或22岁以后有了正常的性生活，如果她们28岁才结婚，那么她们在婚前至少有6年到8年的性生活史。那么，她们在婚前即使采取了避孕措施，至少也会有2至3次因避孕失败而堕胎。这2至3次的堕胎，对女性身体的伤害是显而易见的。它比生三个孩子对身体的伤害还要大。这份痛苦虽然容易忍受，但容貌的衰老，身心的损害通常难以接受。而更大的变化则是心理上的变化。心灵上已经沧桑无限的女人，很难保持对未来的憧憬和获得幸福的信心，即使以后和男友正式结合，新婚的喜悦、家庭的温馨，也离她很远。如果两人最终分手，往日的那些身心的磨难，就成了要一个人咽下去的苦酒。这种滋味是没法对任何人讲的。

感情浓时，偶尔有过分的举动倒也不必自责，毕竟我们既不是圣人，也不是草木，不可能总是无限期地洁身自好。但是一时的情动当不得日子过，那不是一个可以随便进进出出的花园，在没有完全做好准备，看清前面的路之前，自我控制的能力将决定女性未来的命运。

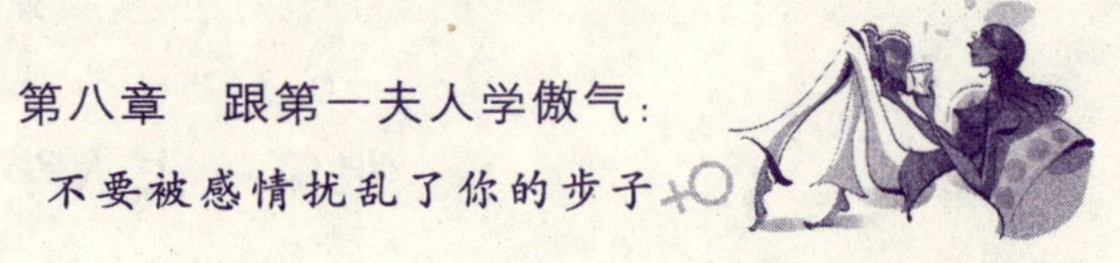

失恋了，学会拍拍手走自己的路

失恋谁都不愿意碰到，可它的存在是必然的，开始与结束，得到与失去，本就是一对孪生姊妹。对于心理正常、情绪稳定的女人，失去了也就失去了，小小地难过一下，并不妨碍她打起精神去做别的事；对于那些不知善待自己的女人，失恋不仅仅是失去了一段感情，同时失去的还有生活的信心。她们的思路是这样的：他离开了我——我是没有魅力的女人——我的人生是失败的人生。其实这中间，只有你和一个男人分手是个事实，其余的一切，只是你一种悲观的想象。

女人可以失去爱情，但不要因此而失去生活，迷失自己。有些人一旦失去了爱情，就会连生活的重心也失去了。只剩下无助、寂寞、孤独、消极、悲观，甚至失去对生活的信心。可是再过几十年，等到自己老了，活明白了，回忆起那时候来，怕只剩下惭愧和悔恨了吧？

逐渐淡漠的爱情势必会走向分手。即使你仍深爱着对方，也要学会自己慢慢消解这段感情。你们的感情已成过去式，以后你要学会把"我们"这个词汇从头脑里抛开，以"我"的眼光来看待这个世界。

阿兰无意中发现那个口口声声说爱自己的男友早已娶妻生子，摊牌后男人还是选择了身为高官女儿的妻子。2 年来的相爱记忆，留给阿兰的

只有伤痛。于是，仇恨中的阿兰活着只有一个目的，那就是报复！揭开那个男人虚伪的面具，阿兰要让他老婆知道一切，然后折磨他，让他一辈子做牛做马，不得快乐，这就是他欺骗自己的代价。她甚至想到了和那个男人同归于尽。

可是阿兰发现自己无论怎么做都没有用，自己并没有变得更开心。有一天，她看着新闻中那个和自己经历类似的女孩在伤人后锒铛入狱，开始想自己也要这样过一辈子吗？她把自己的经历写在网上，看到很多人对自己的劝慰和对那个男人的谴责。有个网友对她说：在你报复伤害过你的人的时候，同时也是在伤害爱你的家人；报复那个离开你的男人的时候，你也在重复温习过去的伤痛。她开始试着冷静下来思考自己这样做值不值得，然后发现自己已经没有以前那么痛苦了。

爱情就像手中的沙子，当你越想抓住它，它越会从你紧握的手中流走。爱情的相守需要宽容，当爱情离开后，面对曾经的爱人，我们也要宽容以待。宽待那个离开自己的男人，就算会有痛苦，可得到的，是更多的智慧和勇气。

一个人，如果总是沉迷在伤痛的纠缠中，那就体会不到快乐的拥抱。报复只是一个沉重的包袱，放弃报复的心理，你的心，你的生活，才会感受到轻松和自由。

成熟的女人，就要理智地对待自己的情感，千万不要因为某个人而痛苦且消极地活着。感情的事情并不是谁都能把握得了的，为什么要为一个已经毫无相干人而让自己陷入不愉快的心情中呢？一个不懂得欣赏你的人，没有资格让你为他难过悲伤，每一个人的人生都是美好的，某个人的离开，只能说明那个懂你的人还没有出现。他不是你生活的全部，与

其让自己陷入到一个无望的爱情中，不如潇洒地转身，投入到付出与回报成正比的工作学习之中。

这个世界上，没有谁离开谁活不下去，除非他是给你提供水、空气、阳光和食物的上帝，所以，那句“没有你我活不下去”的傻话最多只是一时强烈的感叹，千万不要真的相信那是真的。

何必呢？伤了自尊，又不能改变既定的事实。你为何就不能学会并习惯一个人生活呢？一个人生活不是孤守他离去后的那片天地，而是独自坚强地开辟出一片新天地。塞翁失马，焉知非福。独立寒风的滋味虽然不好受，却是心智成长的最好时节。

女人不要犯傻，切记不要把爱情视为你的一切。千万不能因为爱情而放弃自己的事业、爱好和友情，放弃了这些宝贵的东西，也就放弃了你作为一个独立的人的创造能力。要知道，真正能给你打击的不是失恋，而是你自己对待失恋的心情，走出阴影之后你会发现：他不过是一个极为普通的男人罢了，当初自己对他的迷恋，幼稚又可笑。

第九章

跟第一夫人学福气：

坚信夫妻是一个携手和外界周旋的整体

第一夫人没有任何培训手册。你得到这份工作只是因为你所嫁的那个男人变成了总统。我的每一位前任都创造了不同的角色，但这些角色并不完全是她们的兴趣和风格的反映，因为她们还必须同时满足丈夫、家庭和国家的需要。

——前美国第一夫人、现任国务卿希拉里·克林顿

同等条件下，选择能帮你实现梦想的男人

对一个女人来讲，嫁人是一辈子的大事，如同第二次投胎，实在是马虎不得。

丹尼斯·撒切尔这个名字，对于很多人都是有些陌生的，那么如果再给你一个提示，你就会恍然大悟：他是前英国首相，“铁娘子”玛格丽特·撒切尔的丈夫。

2003 年 6 月 26 日，丹尼斯·撒切尔走完了他 88 年的人生旅程。他去世的时候，白发苍苍的玛格丽特·撒切尔用低沉的语调重复着一句话：“如果没有他陪在身边，我不可能做 11 年首相。”

1949 年，丹尼斯和玛格丽特在一次派对中邂逅。他是一位 34 岁的生意人，身材魁梧、英俊潇洒。她那年刚好 24 岁，是一颗正在升起的政治新星。

两人的婚礼于 1951 年 12 月 13 日在伦敦举行，它是玛格丽特·撒切尔事业传奇般崛起，而成为世界上最有权威的妇女之一的基础。在当时

的英国，议员的薪水非常微薄，除个别情况外，只有社会上层的富裕人士才能够从政。丹尼斯·撒切尔在当时的那个年代是一个特殊的丈夫。玛格丽特·撒切尔执政时期的卫生部女国务秘书爱德维娜·居里强调说，丹尼斯对于玛格丽特这样具有抱负的妇女非常“完美”，因为他不反对她去追求自己的目标，甚至还很支持。就连1953年8月她生下双胞胎卡洛尔和马克后，孩子也没有成玛格丽特生活的中心。玛格丽特·撒切尔女士，有更多的更重要的事情要去做。

早在玛格丽特成为首相之前，丹尼斯便已是有名的企业家，但他从不过分张扬。当玛格丽特·撒切尔夫人走进唐宁街10号，丹尼斯亲密而谨慎地站在她的身后，做起了忠实的保护者。撒切尔夫人担任教育和科学大臣时，政府遭遇财政危机，她不得不取消供应8-12岁儿童的免费牛奶。结果，愤怒的示威者追着她，把她叫做“抢牛奶的婆娘”。

面对鸡蛋、西红柿和挥舞的拳头，习惯站在妻子身后的丹尼斯挺身而出。后来，丹尼斯轻描淡写地说：“因为我是她的堡垒。”

什么样的男人才够“好男人”的标准，其实倒没有一定之规，但其中最重要的一点就是，他必须能够帮助提高你的人生质量而不是阻碍你的前程。

爱情其实也可以作为一种投资理论来教导所有女性，选丈夫就像选股票一样，不能只看眼前的涨落，更要关注它的前景。符合“潜力股”水准的新好男人，可以从以下几个方面来衡量：

(1)有责任感

潜力股男人，天生就有一股为让他生命中的人生活得更好而努力的责任。这样的男人很容易分辨，比如在某次聚会或饭局中，当其他的年轻男人

们指点江山、表现自己宏图大志的时候，他会默默地为大家服务，帮醉酒的朋友买单，送没有男伴的女士回家，这样的男人，才是可靠型的男人。

(2)方向明确

看一个男人是不是有潜在的发展前途，要看他对自己的未来是不是有明确的目标和清晰的计划，比如半年计划，一年计划，三年计划……一个人没有目标和计划，就没有方向感，也就没有希望！有目标的男人，才不会在生活中随波逐流地堕落，他们带给女孩所渴望的生活的可能性自然也就大一些。

(3)专业素质好

金钱有用尽的时候，权势有不灵的时候，唯有才识和技术，是唯一可以长久地随身携带的资本。术业有专攻的医生、律师等专业人士固然是女人的首选，一个优秀的技师或者大厨的收入，也可能超过普通白领直追金领族。自古以来，女孩嫁给拥有一技之长的男人，都是丈母娘最感欣慰的选择，听老辈人的话，不会吃亏的。

(4)人际关系好

夫妻之间，其实也是一个小社会。一个男人如果能在大的社会关系中表现出理解、礼让、随和、大度等优秀品质，获得大家的认可，那么他在家庭中的良好表现也是可以预期的。而那些口碑欠佳、人缘极差的人，多半总有自己性格上的缺陷，在事业上很难成功，更难以给女人带来幸福。

(5)身体健康

女孩生来就是要被爱的，如果在婚姻生活中一直是由女孩来照料男人、爱男人，这是一种美德，但也未尝不是一种苦涩。找老公，他的身体状况如何应该排在重要位置。虽然我们不方便找他要完整的体检报告单，

但是那种弱不禁风的男人，肥胖得有肉无骨的男人，郊游爬个山都当成一次严峻考验的男人，决不是一个好的伴侣。他们可能既不能在男女之爱上给女人以美好的感觉，在生老病死的人生关口，也不能相互扶持。如果你和一个体质太差的男人交往，有必要慎重地考虑你们的关系。

女孩期望通过婚姻使自己的命运发生翻天覆地的变化，这不是很现实，但是给自己挑选一个好老公，获得幸福的安定的生活还是行得通的。在这个过程中，你不能急功近利，在这里需要的是眼光，拼的是智慧。

最好的婚姻关系是互补

一对夫妻，其实就是一个大社会里的小团体，如果他们可以取长补短、相互扶助，那么他们胜算自然会增多，出头的概率自然会增大。

在一部小说里，讲了一个非常现实的故事。说是20世纪二三十年代，有个乡下的年轻人，逃荒来到大上海。凭着自己的胆识，他在被称为“冒险家乐园”的上海滩闯出了名堂，成了身家百万的资产阶级。有钱了，并不等于就改了泥腿子的本色，好在这位青年是个有主意的人，他适时地娶了一位末落贵族小姐为妻。于是，他们家也用上了刀叉，也学会了在打蜡的地板上跳华尔兹。夫妻携手出席上海上流社会的宴会，正式成为他们中的一员。

从某种意义上说，娶妻子，不单单是娶了爱情，同时还娶了一个层次，一种文化。

在当今的名人里，潘石屹和他的妻子张欣，两人就是一对绝配。

1963 年 11 月，甘肃天水麦积山附近贫困的村子里一个生命悄然诞生。金秋十月本是收获的季节，但那时上帝留给甘肃天水人们的只有无尽的贫穷、无尽的干旱、无尽的饥饿。

也许正是童年的磨难，培养了潘石屹对成功的执著追求。1979 年高考的前八天，潘石屹被一辆卡车撞断了肩胛骨。知道自己没考好，他立即偷偷在另外一个县以“石屹”这个名字报考中专，并以县第一名的成绩考取了兰州培黎石油学校。

潘石屹的事业，是从海南开始的。他和几个意气相投的朋友，合伙成立了一个“海南农业高技术投资联合开发总公司”，这个名字是有点古怪的企业，就是后来万通的雏形。通过炒地产，他们获得了第一桶金。

后来潘石屹离开了万通，开始注册自己的公司。就在这时，潘石屹认识了对他一生影响最大的人——张欣。张欣 1965 年出生于北京，14 岁，张欣随母亲移居香港。成年后，张欣在一家小公司做了一个小白领，后来听从朋友的建议去了英国，在剑桥取得了经济学硕士学位，然后就职华尔街的高盛投资银行。一晃八年。张欣那时在华尔街每年挣一二十万美金，生活相当惬意。直到 1995 年底，返回中国，与潘石屹共创了他们自己的房地产公司——SOHO 中国。

SOHO 是英文 Small Office Home Office 四个单词首字母的缩写，意为“小型办公，家庭办公”。十年前由潘石屹第一次提出这个概念。在追求资源最大化利用的今天，SOHO 提高了每一平方米房子的使用效率，让人们

自行组合，工作生活更方便。

潘石屹没有出国留学的海归背景，长期自称“土鳖”，是靠摸索和经验制胜的非理想主义者，而非海归一派的理想主义。但是，潘家的土鳖和海归，彼此却配合得非常好。潘石屹说他们的分工是这样的：“她负责规划、设计、工程，我负责市场推广和钱。我比较喜欢跟媒体见面，她不喜欢跟媒体见面。”

潘石屹和他的太太张欣，以中国开发商的明星夫妻和前卫形象著称。在中国历史上最大规模的城市化进程中，夫妇两人的SOHO中国公司用一个个独特的建筑作品向人们充分展示了他们的艺术品质和商业天赋，总是以不断的“创新”精神为人们制造新的轰动和概念，从而在房地产界掀起波澜。

夫妻两人联手经过十年的努力，SOHO中国已经成为中国最有实力的房地产公司之一。

一般人们都认为，是张欣成就了潘石屹，但是同样地，潘石屹也成就了张欣。如果没有两个人的结合，张欣有可能一直就是那种钢筋水泥大厦里的毫无个性的白领，自己生命里的活力和潜能，也可能就这样被埋没一辈子。

我们所寻找的人生伴侣，最好是能与自己形成互补的那一种。而在事实上，当两个人携起手来，共同打造了一份事业的时候，他们也会分别找到自己人生的意义。

在美国政坛上，富兰克林·罗斯福总统的夫人爱琳娜对于丈夫走向成功所提供的帮助，尤其引人注目，值得称道。1905年她与罗斯福结婚，在1921年丈夫发病致残之后，她对政治活动日渐积极，凡是罗斯福耳目

未能顾及到的地方，都有赖于这位贤惠、能干的夫人照顾。

例如，罗斯福竞选总统成功后，将注意力主要集中于大政方针，对许多细节则无法顾及。爱琳娜却关怀每一个国民，如当她乘飞机旅行的时候，经常会和别的乘客谈话，嘘寒问暖，平易近人。

又如，罗斯福没有时间顾及各种团体和组织，爱琳娜则对团体事业十分热心。她为此所作的种种努力，也大大增加了罗斯福总统的威望，并给他添上了更加开明和进步的色彩。

对当时的美国人来说，爱琳娜的名字就代表了经济复苏、保障劳工权利、解放黑人、提高妇女地位、宗教自由、教育青年、照顾贫困老弱等项光荣的事业。《纽约时报》曾写道："她本身就是一种社会力量，他们夫妇合作无间，形成一个政治单位，这是美国历史上空前的事情，许多老派人士也许会批评这种作风，但许多别的人会欢迎罗斯福夫人的出现。"

夫妻之间，不应该存在谁为谁牺牲的问题，齐心协力地打世界，赢了，谁都光彩，输了，谁都不好下台。西方有句话，"夫妻两个人对未来的追求与生活的水准，总是向比较低级的那个人靠拢"。作为女性，为了不让自己的未来滑坡，担当起属于自己的那一半责任是要紧的事。

男人能抵御枪林弹雨，却受不了女人的鄙视

“爱一个人，就要爱他的一切，爱他的优点，也爱他的缺点；爱他的荣耀，也爱他的落魄。”这话虽有些拔高的嫌疑，却毕竟阐释了一条爱情的真理。当一个女人选择了一个男人作为终身伴侣时，她就和他踏上了同一条船，两个人相处愉快，配合默契，这条小船才能更平稳一些，划得更快一些。若一直疙疙瘩瘩、别别扭扭，小船就容易搁浅，给身在其中的每一个人，带来的都是难堪和伤害。

爱自己的老公，给予他家庭的温暖，这既是每个女人的义务，反过来，她自己也会得到一个美满幸福的家庭。

再坚强的男人，都需要女人温柔的力量的抚慰。一个好女人可以改变一个男人对自己的整个看法，使他变得更像个优秀的男人。

汤姆·乔斯顿在战争中受了伤，他的一条腿有点残疾且疤痕累累。幸运的是，他仍然能够享受他最喜欢的运动——游泳。

一个星期天，在他出院以后不久，他和他的太太在汉景顿海滩度假。做过简单的冲浪运动以后，乔斯顿先生在沙滩上享受日光浴。不久他发现大家都在注视他。从前他没有在意过自己满是伤痕的腿，但是现在他知道这条腿太惹眼了。

下个星期天，乔斯顿太太提议再到海滩去度假。但是汤姆拒绝了——说他宁愿留在家里。他的太太的想法却不一样。“我知道你为什么不想去海边，汤姆，”她说，“你开始对你腿上的疤痕产生错觉了。”

“我承认了我太太的话，”乔斯顿先生说，“然后她向我说了一些我将永远不会忘记的话，这些话使我的心里充满了喜悦。她说：‘汤姆，你腿上的那些伤痕是你的勇气的徽章，你光荣地赢得了这些疤痕。不要想办法把它们隐藏起来，你要记得你是怎样得到它们，而且要骄傲地带着它们。现在走吧——我们一起去游泳。’”

每个人身上都有一些不能改变的东西，这就是他们的“疤痕”，比如你老公的身高、容貌，天生过于瘦弱或者过于肥胖的体型。在你认识他的时候，这些缺陷已经存在了，这是他们不可分割的一部分。如果能连带着爱上这些缺点当然最好，那么他的瘦弱就是潇洒，他的肥胖就是稳健，连他的秃头，也是聪明的象征，情人眼里出西施，没有什么道理好讲。如果没有修炼到这种地步，自然地接受也是一种不错的方式。想想看，每个人都不是十全十美的，包括我们自己，两个不完美的人，共同建立一份完美的感情，这是多么有成就感的一件事儿！正因为他是一个平凡的人，所以才和平凡的我们一起创造甜蜜的生活，如果他是王子，早就忙着迎娶公主去了。

除了外形特征，出身、经历、教育背景，也是一些男人的缺憾，善解人意的老婆，应该学会回避。

如果你生在城市而老公的家乡在农村，那么最刺伤他的是“你真是个乡巴佬”、“你以为这是你们农村老家呀”之类的话。来自乡村的孩子，起点低，条件差，他们能在城市里占有自己的一席之地，娶妻生子干事

业，肯定都付出了百倍的努力，经历了许多城市人无法想像的艰辛。这是他们心中的痛，你千万不要去碰！碰了就会在你们的关系中划下一道永远的裂痕。对于他老家的父母亲友，你也要加倍地尊重，不要对他们的生活方式、卫生习惯说三道四，也不要计较给谁家寄了更多的钱。这些决不是一些无关紧要的小事，男人们虽然不善于表达，却会在无言的沉默中，因为你的嘲讽挖苦感到刺痛，因为你理解的笑容而无限感动。

另有一点最刺伤男人的，是你忽视了他的付出，而专门攻击他力不能及的地方。男人最不能容忍老婆说："你看你，什么德性！人家谁谁的老公一年几万几万的挣，就数你最无能！"如果老公也能挣上几万几万的，她又会说："唉！你就光知道钱钱钱，人家谁谁的老公总是带她去玩，去散步的，你陪过我吗？"要是碰巧老公也陪过，她又会说："唉呀，你帮我做点家务活嘛，我都累死了，你倒好，净知道坐在沙发上看电视，人家谁谁的老公可模范了，哪像你！"仿佛全天下所有的男人都好，就她身边的这个最差劲。

这样的女人，有着典型的怨妇心态，无论如何，总是对眼前的生活不满。其实不论苦涩或者甜蜜，都是自己酿造的，你做出来的是什么，最终还是要由自己咽下去。

如果男人只能挣来咸菜，你天天骂他，把他脑浆骂出来，把他脾气骂大骂粗，也骂不来满汉全席。所以，不如不骂，不如把咸菜当成满汉全席，既幸福了自己，也赢得了男人的怜爱。相反，如果男人挣来山珍海味，要记得感谢他一路的打拼，时不时叮嘱他几句："你一无所有时我也不觉得苦，挣那么多钱干嘛？够花就行了！我不是跟钱过日子，而是跟你在一起。"相信男人们听了这样一席话，都恨不得把老婆捧在手心里。

妻子有责任维护丈夫的形象

当老公需要穿西装的时候，女人要把自己变成一件晚礼服才能与他相衬。有礼服的外形，最好还要有礼服的实质，这就是说，不要以为只要有名有位、风采出众就万事大吉，女人的另一种功夫，是利用自己温和的影响力，使老公在他的圈子里广受欢迎。

应酬也是现代人的工作之一，有许多场合，都需要夫妻同进同出。在此情况下，太太是否具备社交能力便相对地重要起来。太过出风头或总是躲在丈夫背后畏缩不前，都是不理想的。若能在丈夫身边，不刻意出风头，而把话说得自然又得体，则旁人必会对丈夫选妻的慧眼另眼相看，丈夫的身价自然能因而提高。

在这个时代，最有“帮夫运”的太太的代表当属现任美国总统奥巴马的妻子米歇尔，对于她，有媒体这样评价：

美国第一夫人米歇尔，成功而舒展地演绎了一个现代都市女人的才情，有爱、有自我、有恪守的美德，即使现在贵为世界上最受瞩目的第一夫人，光环之下，她仍然洋溢着亲切而真实的风华与幸福。一个女人可以把“太太”两个字经营得如此曼妙多姿，真的不简单。这是她最独到的智慧与美丽。

美国新总统奥巴马，战胜一个老对手麦凯恩，如果说是因为他年轻，那么，战胜一个女人希拉里，则是因为有个好太太——美国新科“第一夫人”米歇尔！此话怎讲？因为他太太是一个集感性与知性、专业与教养、贤惠与性感于一身的完美女人，从而让人民更了解他的品位，他的婚姻观念，他的生活态度，以及他对女性期待……选择和什么人结婚，意味着选择什么样的生活方式，所以，米歇尔在带着一对可爱的女儿从客厅里笑着跑出来的时候，后面跟着的是那撒欢的狗，自然也跟着那数以万计追求温暖、感性与活力生活的选民……

每一位妻子都有责任训练自己，以具备丈夫事业上所需要的社交能力。无论丈夫的职业是什么，妻子如果有能力和旁人亲切相处，并且对社交有足够的适应力，她就可以使丈夫成功的机会大大增加。如果妻子天生就有这种能力，那真是太好了。如果没有，她就必须学习这些能力。

当海因斯夫妇在14年前结婚的时候，据海因斯夫人说，她因为胆怯而受到许多限制。按她自己的说法是，“我很害怕和陌生人接触，我很害怕站在人群里参加公开的宴会。我不可救药地害羞。”

海因斯先生是个很有前途的年轻律师，在当地的政治圈里很活跃。他需要和人们会面，参加会议、集会，以及社交活动和娱乐节目。雪莉·海因斯，他的新娘，却很害怕面对这些场面。她怎样才能克服对人们的害怕、羞怯而适应她丈夫地位的需要呢？

雪莉·海因斯决定克服自己的困难——怎么做呢？她不知道。直到有一天，她在杂志上看到了这些话：“人类对于他们自己是最感兴趣的了。所以，在谈话中，你可以把注意力集中在别人身上。要他谈他自己，他的困扰，他的成功。把你的注意力集中在他身上，你就会忘记自己的存在。”

这些话改变了雪莉·海因斯的整个想法。她决定试试这个劝告。这个方法真的奏效了。

“渐渐地，”她说，“我因为对别人发生兴趣而不再害怕了。我发觉他们也都有着自己的困惑和烦恼。当我更加了解他们以后，我就开始喜欢他们了。现在，我非常希望认识新朋友，我和他们相处得很愉快。我喜欢在朋友家里玩，也很喜欢和我的丈夫到别的地方去，他现在已经是州参议员了。

“最重要的是，我很高兴并没有因为自己不能负起在社交场合中的责任，而使他无法成功。”

不要以为你的丈夫现在做的只是比较低层的工作，就认为你不必帮什么大忙了。工商界以及其他领域未来的领导人物，眼前也都是毫无名气、无人知晓的年轻人而已。没有人一开始就站在最高峰上。你是否已经准备好了为10年、20年或是30年后你的丈夫建立名声？到那时候他已经是个顶尖人物了。

马上就开始吧，如果你觉得羞怯，如果你有点笨拙或是不够机智，你就应该学会喜爱、尊敬和欣赏别人。如果你觉得缺乏知识，你可以到夜校上课，可以从书本上或者朋友那里汲取知识。

没有人知道未来会是什么样子。但是聪明的人会准备好等待机会的来临。学习如何认识朋友和如何与朋友和谐相处，是在你丈夫得到重要职位之前事先做准备的一个基本方法。这是一种永远可以帮助你丈夫的技术，不管他的职业或社会地位是什么。

有些女人是纯粹的爱情主义者，她们认为，以其他一切手段来推进夫妻关系，都是对感情的亵渎。但是别忘了，没有谁可以完全不食人间烟

火，即使亲密如夫妻，也是人们社会关系的一种。一个女人在丈夫事业上或朋友圈子的影响力，不但可以使她在家庭中的地位更加重要，同时也会赢得老公的更多的关怀。

给男人一条枪，鼓励他去战斗

在每一个家庭里，表面看起来，都是男人为主导的，他们决定着这个家庭的经济基础和社会地位。而实际上，每一个聪明的女人，都是最好的幕后推手，在她们的激励中，懒惰的男人勤奋起来，消沉的男人勇猛起来。

生活中，我们都有这样一种心理：对于那些看重我们，对于我们寄予深切期望的人，我们决不忍心辜负他们，在他们面前，我们一定会竭力保持自己的美好形象，回报他们的这种期待。人不容易被外来的压力征服，却可以被温情的赞美征服。男人们都有强烈的自尊，他们更需要被人肯定。得到妻子肯定和鼓励的男人，就等于获得了一个撬起地球的支点，对任何一种挑战都信心百倍。

有实力问鼎美国总统的第一个黑人其实不是奥巴马，而是 1991 年海湾战争的主帅、在老布什政府中担任参谋长联席会议主席（美国最高军职）的科林·鲍威尔。从 1990 年代中期开始，就不断有人——尤其是共和党人怂恿鲍威尔出来竞选。

看到自己一路领先的民意支持率，鲍威尔有点心动。但最终他在1995年和1997年11月两度宣布：不参加1996年和2000年的总统选举，让很多人大失所望。导致鲍威尔放弃的关键原因，是他夫人阿尔玛的坚决反对。

“你们以为每个人都热爱科林·鲍威尔，实际上并不是每个人都喜欢他。”她事后透露了对丈夫安全的担忧，“我不想描述我们收到的仇恨邮件。”她甚至向丈夫下了最后通牒：“如果你要竞选，我就离开这个家。”与鲍威尔夫人不同，米歇尔·奥巴马没有因为那种漫无边际的担心而劝阻他参选，这位学历和才气丝毫不输给丈夫、当律师比丈夫还早、年薪比丈夫更高（30万美元）的职业女性没有那么多顾虑。

2004年奥巴马竞选国会参议员时，米歇尔在商界的人脉为丈夫帮了大忙。两年后，在外界劝进呼声日益高涨、丈夫开始有意参加总统角逐时，她催促他的顾问们拿出如何筹款、如何与希拉里及其他参选人对阵的规划蓝图，并出席了所有策略讨论会。奥巴马能够当选，可以说米歇尔功不可没。

热心的称赞可以使男人进步，这是颠扑不破的真理，在一个好老婆的鼓励下，男人从懒惰的毛病到不够自信的性格，都可以得到很大的改观。

当你认为自己的老公太散漫、太懒惰，他应当在工作上更上一层楼或者为你们的小家庭多尽一份力时，笨女人会唠叨、用报怨逼迫他，聪明的女人，可以按照自己期望的样子夸奖他，让他美滋滋地听从你的指引。

小杨是个很普通的女孩子，在一家杂志社任助理编辑，虽然穿衣打扮很新潮，但不能算是美女。就是这样一个女子，爱情生活却异常美满。

她的老公小陈和她是大学同学，小陈踏实肯干，早在大三时就开始

帮一个大型集团做项目。毕业后，进入该集团沈阳分公司，只两年，被提拔为产品研发经理，收入颇丰。

老公非常宠她，每次外出公干，都要给小杨买许多时尚服装和女人们喜欢的小饰品。在家的时候，也都尽量地陪着老婆，并且主动分担家务。

小杨表示："我老公是完美无缺的，虽然别人不这么认为，他自己也不这样认为。"

她的老公确实不算完美，戴着厚厚的眼镜，严谨有余，倜傥不足。

"我知道他的毛病，他总是把自己想得太低。"她说，"这不行，我可不想让我的孩子有个柔弱的父亲。所以，从大学时代开始，我就天天想方设法吹捧他，甜言蜜语，花言巧语，豪言壮语，我就不信他不爱听。现在为什么他业绩那么好，进步那么快，嘿嘿，家里有个激励大师呢！"

当你的老公在事业上停滞不前时，你可以赞美他有潜力、有发展空间，上司很快就会发现他的能力；如果他是一个不关心家事的懒人，你可以把他为家里做的一些微不足道的小事，郑重其事地提出表扬，夸他是能给老婆带来幸福的新好男人。用你热情的称赞，把老公打造成期望中的样子。

然后，在他把薪水交给你的时候，你要感谢他"为每个家庭成员的利益"所付出的辛苦工作。等他上厕所时，你再确认一下——他是否把加班费也一并上缴了。

请记住：当他表现得像个男人，并且对你好的时候，一定要向他的自尊表示一点敬意，让他感知到你的幸福和自豪，从而给他更大的动力。

每个丈夫都不可避免地会受老婆的影响

女人找老公，自然要千挑万选，透过表象看本质，哪一项都不能马虎了。结婚之后，你和他就形成了一个整体，携起手来，往好的方向走，是应当的义务，也是你对自己的命运最负责任的选择。这是因为在不幸的婚姻之中，女人要遭受到最大的不幸，而在幸福的婚姻里，你就可以找到一生的幸福。

一种命相学认为，有些女人有“帮夫运”，她的老公，一生好运连连，做什么成什么；有些女人，则是“扫帚星”，娶了她的人，干什么都触霉头，即使不短命夭亡，也是潦倒不堪。抛开其中迷信的成分，这种说法还是有些道理的。一个男人背后站着一个什么样的女人，在某种程度上决定着他在这个世界上的表现。

俄罗斯前总统普京的夫人柳德米拉说过：“我不需要被别人捧在手里，我不可能属于风风火火的那类女人。我嫌政治枯燥，对政治从来都不感兴趣。”她的这种性格，也许恰恰对普京是最大的帮助。在普京还在做安全部部长的时候，柳德米拉所树立的尽职尽责的妻子形象就为普京的政治生涯提供了成功的砝码。而在普京竞选总统前，柳德米拉的朴实、热爱家庭的品德更是被支持普京的俄罗斯媒体当作有用的竞选材料大肆

宣扬。

在成为"第一夫人"之后前往勘察加半岛一次私人度假中，柳德米拉并没有因自己的身份特殊而炫耀。她带着自己的两个女儿住在普通客房，到公共食堂就餐，每天花销500卢布，而且自己掏腰包。不要以为那个时候刚刚成为第一夫人的柳德米拉，不晓得如何利用自己的身份和特权，在她以后必须顶着"第一夫人"的光环的若干年里，她总是保持着这样的低调。

另一方面，柳德米拉从不不吝啬对普京的赞扬，"他性格坚忍，有极强的耐力，很少表露感情。他非常有追求，总是锲而不舍。有人是为了金钱而奔波，而他则是一个为了理想而活着的人。他具有高度的责任感，工作作风果断、干练而谨慎。我觉得，这种人会得到许多。"

在普京有可能面临困境或需要帮助的时候，柳德米拉总会恰到好处地出现。

她曾和丈夫一起冒着大雪出现在前线；她也曾以"第一夫人"的身份单独完成外交使命。2002年，当美俄因为反恐怖主义发生重大分歧，致使美俄关系面临普京执政以来的最大挑战时，柳德米拉应美国第一夫人劳拉·布什之邀单独访问美国，这次访问成为美俄关系的风向标。柳德米拉的帮助可以说对普京助益良多。

聪明的女人，就是一个助产士，在男人成功的道路上扮演不可或缺的角色。如果说，医院里的助产士帮助医生把孩子生出来了，生活中的助产士则把男人的斗志给激发出来了，协助男人走向事业的辉煌。

现实生活之中，一个平凡的女人，嫁了一个平凡的老公，把他培养成总统是太夸张，但是老婆的思想观念和日常行为，对老公的生活绝对会

产生不可替代的影响。

温顺体谅、开朗大度的妻子，她的老公一定宽宏大度，在众人面前拿得起、放得下；自己抠抠搜搜，一点儿小事也要算到骨子里的女人，在她的限制下，老公一定斤斤计较，给周围的人心里留下猥琐、狡诈的印象，前程肯定不太光明；嘴巴最长，成天张家长、李家短，喜欢倒腾是非的女人，老公肯定也陷入漩涡，在圈子里面大失民心，不好做人；蓬头垢面，不修边幅的女人，老公做事会杂乱无章，工作没有头绪，感情不能升华，时间久了，你看我不顺心，我看你不如意，很可能引发危机。

更有甚者，有的女人爱慕虚荣，占有的欲望像沟壑，老公无奈铤而走险，家庭被逼上绝路。这类女人以前叫红颜祸水，现在的新名词叫垃圾美女。

每个在婚姻生活中打滚久了的男人，无不受着他们身后那个女人的影响，当然，这不是说他一下子就从一种人变成另外一种人，但是水滴石穿，老婆的影响是躲不过的。

明白了这个道理，我们不必再抱怨“命不好，没有遇到一个好男人”，或者“看人家某某的丈夫，怎么就那么优秀？”天生的好男人有，但是少而又少，“好丈夫都是妻子亲自培养的，没有人能够自学成才”。

婚姻可以是让我们成熟和成长的课堂，也可以是埋没人们才华和斗志的坟墓。一个合格的好女人，会用自己的灵性和智慧不断参悟人生，修剪完善着自己，也修剪完善着男人。好女人宽容善良，对待男人，她们多赞美少苛责，不求现在的他如何成功，只求他在努力中创造着。好男人都是好女人精心塑造的优秀作品。

台湾作家刘墉在一篇文章里写道：“女人就要做女人，发挥女人的长处，站在男人背后，守着他的窝，拴着他的胃，牵着他的心。为他披上盔

甲，看他骑上战马，再抛给他一朵花、一个吻，让他勇敢出征，奏凯而归！”

如果女人希望男人像一座大山那样可以让人依靠，那么男人也希望女人像一片静静的港湾，能够让他能够停泊加油。越成熟越成功的男人，越需要这种内在的支持。

提升自身条件，与他的地位匹配

有人说“好女人就是一所好学校”，这说法肯定是男人编造出来的，千万不要信。女人望夫成龙，心甘情愿做学校的结果，只能眼睁睁看着辛苦培育出来的学生毕业后离开学校。铁打的营盘流水的兵，再好的学校，也不可能留学生一生一世。这样的例子太多太多。当初人见人赞的郎才女貌，隔了十年再看，郎才更上一层楼，是才上加财；女貌成了抹布，越用越旧。差距越拉越大，男人嫌弃枕边人似乎就成了顺理成章的事儿。

这么看来，女人决不能只甘心做一所培养好男人、感化好男人的学校，她应该和老公做一对好同学才是。若干年后，他学业有成，她的内涵也更充实，即使有一天他站在一个万众瞩目的位置，她也毫不逊色。

前柬埔寨国王诺罗敦·西哈努克曾经是一位风流多情的花花公子，然而在一次中学选美活动中邂逅了莫尼卡·伊吉后，便为她所倾倒，从此收起多情，专注于她一人。

莫尼卡居然能够使这位风流君主变得情有独钟，忠心不二，简直是令人难以置信。她有什么回天的魔力呢？

西哈努克自己的回答是："她受到过良好的教育，为人谦虚，举止稳重，很有教养，聪明伶俐，再加上高雅的性格。"

的确，莫尼卡不仅仅有外在的美，而且有几乎接近于完美的品格，稳重矜持的举止，优雅高贵的气质，温柔善良的脾性，有经历大场面所需的贵夫人风采，大凡有莫尼卡所到之处，满堂生辉之效应。而这些是西哈努克以前的所有情人都欠缺的。

为什么一国元首的妻子要冠之以"第一夫人"的称谓呢？

因为，她不仅仅是一个男人的妻子。不管她是否美貌如花，倾国倾城，这并不重要，重要的是，她要举止得体，要智慧，要懂得她的所有言行是不是和她的"天下第一男人"之妻这个位置相匹配，她的一笑一蹙眉，都关乎丈夫的形象。

和丈夫出访各国，她要用优雅的礼仪、得体的谈吐，良好的形象出现在公众面前。这时，她不仅代表她自己，还代表这个国家所有的女性。

如果她的表现不到位，将会使她的丈夫置于尴尬的境地，当他不再以她为荣的时候，只靠旧日的情分，难说他们的完美关系还能维系多久。

第一夫人不是随便做的，给一个平头百姓当老婆，同样也不轻松。麻雀虽小，各种脏器的功能不变，他的职业场所就是国会，他的朋友伙伴就是选民，给他提气还是给他丢脸，全在你的表现如何。

所以，你考虑问题的重心应该在于：男人有房有车有地位，我应该有什么样的东西可以拿得出手，与之匹配时毫不逊色？

男人有男人的地位，女人有女人的身份。如果你出身于名门或者豪

富之家、书香门第，这就是你的天然资本。好的出身代表着荣耀、眼界和高贵的社会关系，无论什么样的时代什么样的社会环境，这一点对于正力争上游的男士来说都有足够的吸引力。家世不错的女孩，只要能好好地把持自己，不堕入放纵无度、空虚抑郁等常见的富贵病里，大体上就能保证在上流的圈子里，和正派上进的男人恋爱，顺利地进入平稳安乐的婚姻生活。

如果出身不够优越，女孩的道路又该如何走呢？没关系，你还可以放开手脚，追求你的第二种身份。

名校的学历、各种热门的资格证书，以及你所服务的公司的牌子、你在工作中的职位等等，都是我们可以通过个人的努力而改变的身份。把时间投资在这里面，首先可以提高你在社会上的身价和待遇，从而也强化了你与有地位的男性演对手戏的资格。科技精英与名校才女，行业新贵与白领丽人，都是人们心目中天造地设的绝配。否则，一个体面的绅士在社交场合拖着一个很“村”很愚昧的女子入场，别人说什么，她一问三不知，或者时不时就冒出一些不入流的动作和很搞笑的言辞，大家会怎样看待这一对儿呢？男人自己，又会如何看待自己的爱情前景？在这些不大不小的困扰面前，时间一长，男人们心生他念也是情理之中的事儿了。

在他落魄的时候，妻子是男人的棉袄，对款式要求不高，但要够厚实，够温暖，还不能太娇贵了，即使不小心划了个口子，自己也要学会修补。

当他的事业有了起色，需要的就是一件夹克了。在家穿着也舒服，出去也不丢面子，那些和男人一起闯荡世界的，都是夹克式的女人。

当男人脱掉夹克换成西装时，女人一定要切记，这是男人成功的前奏或表现。因为，当他觉得需要穿西装出去应酬时，说明他的自身品位已

经脱离了夹克的普通和随便，他需要得体的举止、高雅的谈吐、庄重的仪表来匹配，这样，他在应酬中才会神采飞扬。因为，男人看重自己及他的女人在社交场合带给他的那种灿烂的光环和被别人仰视的感觉。

当老婆的，不要总是责备男人喜新厌旧，先看看自己，是不是旧得有些落伍了？爱需要与时俱进，需要相互学习，勉励，互补。

以不变应万变的女人，不是美德，而是懒惰。

你能推动男人，但无法改造男人

尽管有的妻子一再向丈夫强调“改变丈夫是出自善意”，但是极难避免产生婚姻上的难题。

首先，家庭中将出现紧张气氛，妻子因为太在乎丈夫的过错而精神紧张，一旦丈夫坚持不愿意改变时，妻子将加倍紧张激动。有时，这种紧张的感觉，连成长中的子女也会感染到。男人常常十分自傲，试图改变丈夫，将于无意中伤及他的自尊心。丈夫宁愿你多发掘他的长处，不要牢记他的缺点。而男人每天的精神食粮是“妻子的崇拜”，你对丈夫的尊敬，才能使他十分快乐。如果丈夫不愿接受你的建议，你会觉得丈夫不再爱你，对于婚姻不再有安全感。

有些妻子强迫丈夫改变现状，使他喘不过气来，于是，他宁可逗留办

公室或游乐场所而不愿意回家。更严重的情况下，妻子和丈夫之间会渐渐无话可说，不能进一步沟通，即使共处同一屋檐下，竟日不说一句话，妻子会感觉丈夫冷落了自己。

所以做妻子的，该想一想“改变丈夫”是否比“家庭和谐，夫妻恩爱”更值得？美满的婚姻对于子女十分重要，而孩子成长过程中有十分快乐的双亲，才能使他们也有快乐的童年，希望“完美的丈夫”而伤及婚姻和孩子绝非聪明的抉择。

当妻子不时逼迫丈夫改变现状时，会使丈夫觉得如同毒蛇咬噬一般，常常是摧毁神圣婚姻的主因。历史上最具悲剧性的故事之一，该是俄国大文豪托尔斯泰的故事。

托尔斯泰是历史上最享盛名的小说家之一，所著《战争与和平》及《安娜·卡列尼娜》，被视为文学瑰宝。虽然，他出身有钱的贵族家庭，信奉耶稣后，他即散尽家产救济贫民，住在乡野，坚持过自己心目中理想的简朴生活。

可是，托尔斯泰夫人却无法接受他这般单纯的生活哲学。她喜欢奢华的生活，追求名声和社会地位，她一直追求着财富。为了达到她的愿望，有许多年她一直设法想改造托尔斯泰先生，向他威胁将自杀或跳井。于是，结婚四十八年后，不堪忍受婚姻痛苦的老托尔斯泰竟在一个风雨交加的夜晚离家出走，最后客死在一个破旧的乡村旅馆里。更可悲的是，对婚姻生活充满厌恶的老托尔斯泰临终的遗言竟是“不允许夫人来看他”。

大文豪托尔斯泰是否改变了自己？他是否接受了妻子的建议？一点都没有，他一直反抗妻子直至辞世的那瞬间，牢记！“男人是不会被强迫

改变自己的"。

你可能说,"不!我的确见过有些女人成功地改变了丈夫。"不要受惑于某些情况。只要你肯认真加以研究,你会发现一些男人的改变有其他因素——并不是被妻子说服,而是他的妻子以一种更为聪明的方式,对他施加了一些自然而然的影响。

1977年11月6日,劳拉在自己31岁生日的第二天嫁给了小布什。从相识到步入婚姻的殿堂,他们只有短短3个月的时间!

小布什夫妇从许多方面来说都是截然相反的两类人:小布什是出了名的懒汉,劳拉则是那种每次淋浴后都会把浴室清扫得干干净净的人;小布什偏重阅读管理方面的书,且看完后到处乱丢,而劳拉博览群书,自己的书柜总是摆放得井井有条;丈夫在外喜欢出风头,爱耍嘴皮子,遇事不冷静,妻子则不事张扬,遇事沉着冷静,话不多却总能切中要害。这样一对夫妻,相处起来总会有些麻烦的,但小布什表示:向劳拉求婚,是他一生中做得最完美的一件事;劳拉是他人生最大的财富,她给了他足够的力量和信任。

有一件小事,很能说明劳拉做事的风格。

2000年7月底,小布什在得州奥斯汀的一次选民集会上正式推荐前国防部长切尼作为自己的竞选伙伴,这位得州州长在他新的竞选伙伴开始发言时,往后退了一步,站在妻子身边。切尼每讲一句话,人群中都爆发出一阵鼓掌声,劳拉·布什也击掌欢呼。可是她旁边的丈夫却无动于衷。于是,劳拉向小布什挪了不易为人察觉的一步,靠近后,她以敏感,几乎看不出的细微动作,悄悄向小布什的肘部温柔地靠了一下。她拍手微笑时,将手臂再次悄悄伸向丈夫身边,直到手肘触着他的手臂。小布什立

刻心领神会,没说一个字,也没有目光接触。在切尼又讲完一句精彩妙语时,小布什也加入了振臂欢呼的人群。

共和党的民意测评专家曾说:“劳拉让布什变得稳重。她在人们眼中是一个具有宁静说服力的人,就像是一只戴着天鹅绒手套的拳头。”

要让男人有所改变,做妻子的只能从一些细节上入手,给他一种潜移默化的影响。妻子强迫丈夫改变现状不但效果不彰,有时男人为了争取自己的自由,会全力抗拒之。我们经常可以听见,年轻的儿子对望子成龙心切的父母亲充满敌意地说:“不要命令我做什么,否则我什么事也不做。”这件事足以表明男人心里想些什么。由于男人天性有抗拒心理,过分强迫丈夫改变现状,反而把情况惹得更糟。

当你已经发现了你们住在一起所产生的问题或你不能把握他有什么严重缺点时,你应当降低你的期望。你应该承认,有些问题是无法解决的,自然,也有一些东西是无法改变的。谁都不是绝对的坏,也无所谓绝对的对或错,你们只是彼此不同、想得到不同的东西而已。

第十章

跟第一夫人学脾气：

用理性和智慧通过危机的考验

“总的来说，我觉得我的故事代表的是我这一代所有女人的故事，一方面，她们得到了可能比她们的母亲一辈更好的机会，能够实现自我价值，另一方面她们也在面临着比她们母亲一辈更大的挑战，她们要照顾家庭，免受各种冲击。”

——前英国第一夫人切丽·布莱尔

干涉不要太多，男人的耐性是有限的

现在能干的女人很多，在单位发号施令、独当一面，在家里也是风风火火，事情不论大小，统统都扛了起来。但是这种付出，做丈夫的却不一定领情。于是女人很委屈：我把一颗心都掏出来为这个家，他怎么还有那么多的意见呢？

婚姻生活中，光有任劳任怨的好品格是不够的。男人的个性、脾气、修养各不相同，对女人来说，当你选择婚姻时，起码对丈夫要有一个了解，并有一种做符合你丈夫要求的妻子的心理和能力。不是所有的男人都喜欢并适应衣来伸手，饭来张口的生活，这会严重损伤他们男性的自尊。婚姻是两个人的探戈，需要想到配合着跳好它，若你只按着自己的鼓点起舞，难免不被对方踩了脚。

杨尚是大学同班男生中结婚最早的，妻子漂亮，让朋友们羡慕，可度完蜜月后，他们就摩擦不断。说起来都是些小事，可串在一起就让杨尚觉

得气不顺。杨尚不是一个小家子气的男人，就是有些诸如爱睡懒觉、大大咧咧之类的毛病，妻子蛮勤快，可就是喜欢按着自己的意愿行事，让他觉得头疼。比如休息天，只要妻子有什么安排，如搞卫生、回娘家之类，杨尚就别想睡懒觉了。“她若是把这些事安排在其他时间，我会很乐意做的。”在父母、朋友面前，妻子也不给他面子。她管他抽烟，管他和朋友玩得太晚，她本意不坏，可杨尚却很烦。两个人吵吵好好，搞得大家都很累。

夫妻间的矛盾，至此已露端倪，如果做妻子的不知调整自己的行为，从对老公日常生活的管束，上升到干预他的事业、前程、人生选择，更深层的危机还在后面。

玛丽·拖德是美国历史上最伟大总统亚伯拉罕·林肯的妻子，她和林肯的婚姻，是两个人共同的不幸。

订婚后不久，林肯便发现自己和未婚妻在性格、志趣、修养和思想方面都不同。玛丽·托德曾在肯塔基州一所贵族女子学校读书，讲的是一口当时美国上层社会中引以为荣的带点巴黎口音的法语，她对服饰及外表极为讲究，还常常将她的“阔祖宗”挂在口上，因为她的祖父、曾祖父和曾叔祖做过将军和州长。林肯为人谦逊和蔼，而玛丽·托德却孤傲自大、心胸狭隘、嫉妒心极强，并十分任性。

林肯的夫人不但脾气暴躁，而且喜怒无常，对别人十分挑剔。婚前，她常拿服侍她的女仆当出气筒；婚后，林肯就变成她的“箭靶子”。每当林肯出现在她面前时，她就会喋喋不休，她对林肯身上的每一个部位都看不顺眼，嫌林肯的头长得太小，手脚长得太大，鼻梁不直，下腭突出，看上去像只猩猩。她最看不顺眼的是林肯走路的姿势，她认为林肯走起路来脚提得太低，没有气派。她成天逼着林肯在房间里学她的步法，一定要他

在走路时先将脚趾着地，因为这种步法是她幼年时从那所贵族女子学校中学来的。

林肯曾在斯普林菲尔德当过好几年检察官。这是一个偏僻的城镇，交通很不方便，所以那里的十一位检察官平时都住在家里，只是在开庭时才来到这里。而林肯则不然，他即使在法庭休会时也住在斯普林菲尔德肮脏的小客店里，忍受着蚊子和臭虫的叮咬，而不愿回到家中去听他太太没完没了的唠叨和责骂声。

林肯是一位幽默而又风趣的人，对任何人都不摆架子。他当总统后喜欢人们叫他"林肯先生"，而不要称他为"总统先生"。玛丽·托德则不然，她既傲慢又爱虚荣，非要所有的人都称他俩为"总统先生"和"总统夫人"。有一次，一位跟随林肯多年的老仆人当着玛丽·托德的面叫了一声"林肯先生"，她就马上发了脾气，跳起来指着这个老仆人的鼻子骂他是"无法无天的蠢虫"。从此后，再也没有人敢称呼林肯为"林肯先生"了。

林肯在给他的朋友写信时写过这样一段话："我现在是全世界活人中最不幸的一个，假如我把所感受到的痛苦平均分配给地球上的每一个家庭，那么地球上将不会有一个面带笑容的人。我觉得我今生决不会再有快乐日子了。"

林肯逝世后，美国人民缅怀他的心情与日俱增，他在美国人民心目中的地位也越来越高，因此"悍妇玛丽"的"名声"自然也越来越响了。在今天的美国，"林肯夫人"差不多已经成了悍妇的同义词。而她自己也因为理想与现实的距离，因为对眼前的一切的憎恶和挑剔，一生都陷在痛苦的深渊里。玛丽·拖德晚年患有歇斯底里症，这也是命运对她的报应。

我们用一生的时间去追寻一个适合自己的爱人，组成一个稳定温馨

的小家。在某种程度上，尊重丈夫就是尊重你自己。因为，尊重他就意味着你做出了一个明智的、慎重的选择，那就是你找到了一个值得拥有你的爱和敬重的男人。相反，如果你对他不敬重，就说明你做出了一个愚蠢的选择，找到了一个不值得你去爱和尊重的人。

无论外表强悍还是文弱的男人，他的内心里都希望自己能给予女人渴求的安全感，他认为保护自己爱的女人是天经地义的，因而女人也应当是顺从的。为心爱的女人遮风挡雨，这也是男人的一点虚荣的自尊。如果一个女人表现出对一个男人的爱情和力量的渴望，仅凭这一点，他就会心甘情愿是为她付出，并且会一直沉浸在顶天立地的美好感觉中。

学会在无关紧要的小事上妥协

女人们在结婚之前，大都是坚定的爱情主义者，她们以为，只要有深厚的感情基础，就有美妙的婚姻生活。可惜事实并非如此，选择婚姻，不仅仅是选择了爱情，更重要的，你还选择了一种和以往完全不同的生活。

有些人在婚姻上的失败，并不是找错了对象，而是从一开始就没弄明白，在选择爱情的同时，也就选择了一种生活方式。

英国伦敦的《泰晤士报》曾刊登一篇文章，题为“我给米歇尔·奥巴马的建议：学着喜欢后排的座位”，文章作者是英国前首相布莱尔的夫人切

丽。切丽给米歇尔这位“新手第一夫人”支招:“你得学着坐到后排座位上,不光是在公众面前,在家里也得如此。你要学会接受。如果你家那位没按时带孩子睡觉,或者回来吃饭晚了,或者你原定的周末计划被全盘打乱,那你只有接受,因为他有更重要的事情要做。”精明干练的切丽推心置腹地对米歇尔说,虽然每个人都在说男女平等,但在政治领导人的家庭,男女平等是不存在的。

世上的任何事情,都要分成两面来看,决不能只看着花朵好看,而对那装着泥土的花盆抱怨不休。

作为长期占据“全球第一富人”位置的比尔·盖茨的妻子,梅琳达·芙蓝奇的生活有风光也有不满。

在比尔·盖茨刚刚荣登世界巨富榜首时,为了给妻子一个惊喜,比尔特意安排了一家珠宝店,在星期日的上午只对她一人开放,让她可以尽情地挑选。最终她选了一只非常大的钻石戒指,以致在公共场合,她略显尴尬地把右手放在左手上好把戒指藏起来。

盖茨一家在西雅图市郊华盛顿湖边的一栋别墅由几个大的楼阁组成,下有通道连接,并设有暗道机关。别墅中还有电影院、娱乐中心、健身房、巨大的游泳池以及一个18米高的瀑布。此外,盖茨夫妇为了保护家庭隐私,花费约1440万美元买下了别墅所在的整个街区。

很多人可能会认为梅琳达非常幸运,但熟悉盖茨的人都知道,他并不是一个容易相处的人,一位微软高级管理人员曾说:“(盖茨)不善于用语言表达感情。”平日里的盖茨非常严肃又充满了强烈的好奇心,梅琳达知道丈夫喜欢看书,于是就建了一个家庭图书馆。此外,她还相当注意配合丈夫的爱好和兴趣,两人经常玩猜谜和拼图等智力游戏,参加很多富

有挑战性的活动。所以在盖茨眼里，梅琳达不仅办事干练，更重要的是她具备一个贤妻的特质，“像一只温顺的小绵羊”。

其实每个人都是一个复杂的结合体，一个再英明神武的男人，说起来也是缺点一大堆。这就要看你的着眼点在哪里，如果钻了牛角尖儿，可能世界上所有的女人都没法活了。生活方式的小事，可以让原本相爱的两个人分道扬镳，可以决定婚姻生活的和谐与否。

在一个离婚事件里，男主人公是这样解释他的离婚决定的：某一个早上起来，又看到一条没有拧干的毛巾水嗒嗒地撂在洗面台上。五年了，无论他怎么提醒她，她都不能把毛巾拧干搭好。男主人公最后因为这条毛巾而彻底绝望，并勇气顿生，不依不饶坚决要求离婚。女人百思不得其解，不就是一条毛巾吗？如果你爱我，怎么你就不能帮我拧干了搭好？男人的挫败感更重，不就一条毛巾吗？如果你爱我，怎么你就不能改变一下自己，把它拧干了搭好呢？

人与人之间的交往过程，其实就是估摸着对方的底线，并在彼此底线之上的一种互动往来。无奈的是。很多时候，人是不清楚自己的，难以拿捏对方，当彼此的底线，尤其是致命底线呈现之时，也就是破裂的那一刻。

当两个独立的人，共同生活在同一个屋檐下的时候，他们的习惯、嗜好，就如同身上的刺，虽然在碰到对方时不会造成很大的损伤，但长此以往，所有的怨气，就会形成他们婚姻生活中一巨大的隐患，然后在某一个临界点爆发。

在我们的一般印象里，女人心细如发，又有天生的洁癖，所以才会将一些生活琐事挂在心上，男人们都是粗线条，不会有太多的挑剔。但事实并非如此，对于生活，女人弹性和适应力是非凡的，对爱人某一种小毛病

难以忍耐的，往往正是那些大男人。做妻子的应该注意，当老公皱着眉头指责你的某一项小节时，说明他已经忍无可忍。

曾经彼此相爱但婚姻出现裂痕的人，想拯救自己的婚姻，有必要先改变一下生活方式。

让女性"忍受"男人而"改变"自己，这看起来有点儿不公平，但是在抱怨之前，请先回答一个问题：你愿意为生活方式的适意而付出婚姻的代价吗？如果你觉得还没有严重到这个地步，妥协未尝不是一个切合实际的选择。

嫁给他，就要适当地隐藏自己的光芒

日本心理学家在研究冲绳岛的风俗习惯时，发现近百年来，岛上没有一对夫妻离婚。原来这里有个独特的习俗，凡是夫妇关系不和的，即送往距离冲绳岛几公里外的一个荒无人烟的小岛——死亡岛。在这个小岛上，丈夫与妻子只有相依为命，否则就无法生存。经过一段时间的艰苦生活以后，夫妻之间的矛盾逐渐消除，两人就重归于好，不再言及离婚的事了。

就是风华绝代、天性自由浪漫的杰奎琳，首先要扮演好的，也是"妻子"这个角色。

她踊跃参加政治性集会，光临各种招待会、酒会。她知道在这些场合

抛头露面很有利于扩大肯尼迪在政治上的影响，尽管她并不喜欢这些应酬。她尽可能以一个参议员夫人的身份当好肯尼迪在政治场合的陪伴，并尽可能地完成一个参议员的老婆所能干的事情。

为了使丈夫成为一个雄辩而动人的演说家，她还认真地帮助他锻炼演讲。

她告诉杰克，演讲时，速度最好慢一些，留一些适当的空间，让听众有回味的余地才能吊起听众的胃口。同时，语调要高低起伏显出抑扬顿挫来，才能更加有效地表达思想。针对杰克老爱将双手插入裤兜的毛病，她还强调了打手势的重要性，手势乃肢体语言，能帮助口语的表达……

杰奎琳是天生做主角的女人，但是为了肯尼迪的大业，她时时都在努力地为他配戏。

在强调自我的今天，我们大家都喜欢用“我”造句，而且很多婚恋专家也都告诫我们不要爱得失去自我。但是，如果爱得太泾渭分明，总觉得有些疏远与冷淡。

不少夫妻觉得彼此关系不够好，缺乏温暖的信任，就是因为缺乏“同一战壕”的战友情谊。两个人互相吸引是容易的，而如果能培养出共赴前程的同舟共济的意识，则不是一朝一夕的事，罗马城不是一天建成的。不管你做什么，最重要的要让对方觉得你在他身后或者身边，这种感觉如果体现在言语上，那就是一定要学会用“我们”造句。

那些嫁入豪门的女星们，对这一点都有深刻的理解。在婚前，她们光芒四射、我行我素，而一旦成为富贵之家的媳妇，“我”变成“我们”，一切都要以这个小社会的规则做人处事了。

对于任何人，生活都是一次次的选择。我们可以决定自己选择怎样

的道路，而一旦做出决定之后，就要找准自己的位置，演好自己的角色。

婚姻不仅仅是两个人的事，除了爱情，还有生活，还有方方面面的关系。不管是豪门巨富还是普通的平民百姓，每个做妻子的，都应该具备与丈夫携手并进的意识。良好的生活能力和完美的社会形象，都会加重一个女人在丈夫心中的砝码，使他一天比一天更加深刻地意识到：他们是一个不可分割的整体。

以美貌、气质和性情吸引男人，以同舟共济的作风维护婚姻，这种做法或者有些俗，却能取得不俗的效果。为了美满的婚姻生活，做出一点牺牲也是值得的，记住，一个人是快活，两个人才是生活。

用沟通帮婚姻释放“恶性能量”

在一些电视剧里，我们常常可以看到男人们捧着玫瑰花，围着他的爱人团团转：“亲爱的，你怎么又生气了？我哪里做得不够好，告诉我，我一定改！”然而男人总是那么耐心地哄着女人，等着她说出心里话吗？他正在追求她或者两人热恋时，当然可以。若是在平常的夫妻之间，老婆生闷气，丈夫要么熟视无睹，该干嘛干嘛，要么唉一口气：“唉，女人！”然后穿上外套，换一个没有烦扰的地方呆着。

很多妻子都以为丈夫理应知道她们需要什么，不必她们开口。其实，

不管丈夫多么爱你，也不可能完全明白你想他为你做哪些事。我们应当知道，夫妻双方对任何一个问题的看法都需要交换意见，那种只一个眼神就明白一切的场景只是小说和电影。在现实生活中，对社会问题的认识、工作压力、孩子教养、家庭生活等都要靠相互的交流来解决。

即使总统夫妇也会有分歧，所以前法国第一夫人贝尔纳黛特说："对待男人，始终都得机智灵活才行。"

1995年法国总统大选的四个月前，一位客人走进巴黎市长希拉克夫妇家的餐厅，他突然停在墙上悬挂的一幅画像前，惊讶地说："孔雀！这不可能！"这是一幅田园诗般的19世纪风景画，画面中央是两只嬉戏的孔雀。来客转过身来看着贝尔纳黛特·希拉克："对不起！我以前没注意到这幅画。你瞧，孔雀可以带来厄运，谁都知道。"贝尔纳黛特早就不喜欢这幅画了。因为画面上首先映入眼帘的是一只昂首挺胸的大孔雀，后面躲着一只胆小的小孔雀。她觉得这两只孔雀像是在影射雅克·希拉克和她各自担当的角色：希拉克总是在前，她总在后。这让她心里多少有点不快。听到孔雀可以带来晦气的说法，她总算找到了让它彻底退休的理由。

不过这事做起来并不容易。雅克·希拉克痛恨变化。他不能容忍别人挪动一件家具或是一个简单的物件。他是一个严守习惯的人，任何变化都让他感到不舒服，不管变化的是东西还是人。他断然地说："挂了这么多年了，现在要取下这幅漂亮的画，绝对不行。再说还得想好空出来的地方挂什么，这会破坏房间装饰的协调。"的确，在这间宽敞的招待餐厅里，这张巨幅油画正好跟一幅18世纪的风景挂毯相配。可是贝尔纳黛特根据希拉克有一点点迷信的特点——为了获得好运他坚持汽车牌照一定要是代表故乡科雷兹省的号码"19"，解释了孔雀能带来厄运的说法，最

后，希拉克妥协了。

摘掉孔雀画几天之后，一位常客来家里吃午饭，他惊讶地发现那幅画不见了。贝尔纳黛特平静地回答说："是我丈夫的主意，他一点都不喜欢那幅画。"

贝尔纳黛特承认希拉克是一个脾气倔强的人，她认为对于这样的人来说他的事你不要多管，要首先学会尊重他，然后可以给他建议，但是绝对不要直接管他，这里面渗透着某些领导手段的应用。

女人们常犯的错误，是误以为在提出要求的时候，伴以受伤的面孔和气恼的声音，就会加深在老公心里的印象，促使他缴械投降。而事实上，这正容易激起男人的逆反心理，明明是可以轻易接受的问题，也会断然拒绝以示心中的不满。

比如说，让丈夫分担家务，这本身没有问题。这样一方面可以将自己从家务劳动中解脱出来，更重要的是，可借此加强丈夫与家的联系，让他自觉是家中必不可少的一员，而不是在外挣钱的旁观者。问题的关键，是我们要以怎样的方式，让老公按照我们的心意去做事。

面对一塌糊涂的床铺大声叹息，看到乱七八糟的房间使劲关门，不少女人希望通过这种行为使丈夫心领神会干点家务活儿。但是专家提示我们："这只不过是祈求心灵感应的幻想曲，别人往往不知道你希望什么，除非你直截了当地告诉他们。这是一个简单的事实。"

心平气和地提出你的要求，切忌用那种已经累垮了的怨妇口气。"你瞎了吗？你没看见这一大堆脏衣服？"或"你总是悠闲自在，家里的活儿都让我干！"等说法应该避免。你还不如直接提出建议："我想咱们最好轮流洗衣服。"

还有，你希望他送玫瑰花，也不必由隔壁王先生升职加薪、去欧洲旅行、给太太买钻戒说起，免得主题不明引起自卑，使他绞尽脑汁来报复。“明天我想弄一味玫瑰花瓣炒鲜蛋，你下班时给我买两支玫瑰回来好吗？”

在妻子幽默的提示下，任何一个做丈夫的都会意识到，自己对老婆爱的表达有些不够了。

把沟通放在第一位，生活将变得简单。一味指责他不关心你，会让他摸不着头脑，也可能误会你是因为心情欠佳而在发泄。如果你需要老公做一件事，不如换成这样的说法：如果你……我就会轻松多了。

冷战的夫妻之中没有赢家

人说“不吵架不是真夫妻”，这话有道理，两个个性独立的成年男女在同一个屋檐下耳鬓厮磨，有点儿小小的矛盾也是正常。闲来无事绊几句嘴，倒有加深理解交流感情的功效。只是有些女人，“抓尖儿”惯了，夫妻之间也是如此，每次争吵，定要发挥女性的语言天分，证明自己绝对有理而老公绝对有错。

这就有些过了。世上最大的空耗之一就是与人反复争论——与老公理论你们家的空耗更要加倍，争论的结果是使双方比以前更相信自己绝

对正确。要是输了，当然你就输了，如果赢了，你还是输了，因为争论赢不了他的心。

如果你把老公批驳得面红耳赤、哑口无言，难道就是胜利吗？不，他不说话，只不过是认为一个大男人不值得和老婆较真，更严重的，他会以为你不可理喻，不愿意再浪费心力了。想想看，是一场小小的争论重要，还是你们长远的感情更重要呢？

更重要的是，夫妻吵架，大都不是什么原则问题，有些女性朋友，更是想起一出是一出，随时可以从老公身上找到新的话题。下面的场景，相信大家都很熟悉：

“亲爱的，我非常爱你。”丈夫说：“但是你必须别再找我的错了，你快把我逼疯了。我敢打赌，不到一分钟，你就会找出什么错来！”

“行，让我们赌吧！”妻子答道。不一会，妻子突然说：“这里真热，你为啥总不开电扇呢？”

“哈！”丈夫叫起来说：“我知道，不到一分钟你就会找出一个错来。”

“嗯，”妻子承认道，“那我坚持了多久呢？”

“30 秒。”

“30 秒？去你的吧！”妻子大吼，“我不是告诉你不要买外国表吗？”

这就是导火索，这战火要蔓延到什么地步，就取决于两个人的心情了。最严重的，要把双方从恋爱到结婚以来所办的丑事、错事都翻出来，证明你的眼光一向差劲，我的选择一向有理。然后争执演变成冷战，一个卧室一个客厅，把对方当成一团空气。

明达的人早就说了，“夫妻之间没有胜负，要么双赢，要么两败俱伤。”平凡的夫妻，醒悟的晚一些，但总有回过味儿来的时候：有什么好吵的呢?不管怎么说,他或者她不都是自己最亲近的人吗?即使在某些时候是男人太“出格”,你也要试着把眼光放得长远一些,不要轻易陷入那种两败俱伤的境地。

相对而言,女性对生活品质的要求更高,所以她们看到的生活的沙子会更多一些。男人们漫不经心的风流错误,对于他们的妻子,却常常成为一场深深的伤害。

想当年,美国的前总统比尔·克林顿和第一夫人希拉里之间,插入了一个年轻的白宫实习生莱温斯基,一时之间,全世界的人都等着看他们的笑话。

希拉里这位公众眼中一向严于律己的女强人的尊严几乎被践踏得一丝不剩。各种各样的评论相继出现,有些人说这是桩交易性的大婚姻,另外一些人则问她怎么还能再忍受下去。

在回忆录《活的历史》中,希拉里回答了他们,她写道:“我只能回答是我们之间的爱,几十年的相爱、共同经历的岁月、共同抚养女儿和赡养父母,拥有共同的好朋友、共同的信仰,对我们的国家共同的义务……”2001年1月,希拉里竞选纽约州议员成功,克林顿的任期也到了,那个时候,她意识到,她依然希望维持他们的婚姻,她爱克林顿,珍惜和他共同度过的时光,她希望,他们能一起变老……

面对这场突如其来的灾难,希拉里显示出了她坚毅的性格,她平静地宣称仍爱着克林顿,如常陪伴他飞往各地,把一家三口相亲相爱的画面传遍全球。

我们不排除希拉里的表现里有一部分政治因素在里面,但是她的平和与冷静,依然可以引领许多受到伤害的女子从失望和迷惑中走出来。

有人说，面对外遇，职业女性比传统女性要苦，这话不无道理。因为职业女性的自我意识比较强，这本身就造就了她们的敏感，易受伤害。其次，职业女性往往比传统女性更有教养，这使她们过分看重自己的自尊，不愿在丈夫面前有失自尊。

很多时候，良好的教养在发生问题时，往往会成为知识女性的阻力。这时一定要设法从教养的束缚中解放出来，告诉自己，教养应该使我获得更好的心理素质，并且成为我解决问题的动力，这样你很快就能放下教养的负重，正视眼下的问题，学会以问题为中心。

你必须做的一件事就是问自己，你还爱他吗？假如你一时无法回答，不要紧，用不着逼自己。

先睡一觉，然后从你可以找到的纪念品中（比如你俩的照片，他给你买的礼物等）重新追寻过去的脚印。假如对过去的回忆能带给你温馨，说明你的爱还在；假如你不再感动，就要设法重新选择。假如你想到他的优点时，发现自己无论怎样都无法舍弃他，你就要遵从自己的内心直觉。仔细想想，金无足赤，人无完人，假如你能确认自己真的爱他，就要拿出实际行动，以便证明你的爱。

毕竟，你们夫妻已有一段感情，想想他的过去，可以帮助你做出眼下的判断。假如你发现他的外遇是必然的，就要问问自己到底要什么，以便对自己的将来做出打算；假如他的外遇只是一场偶然，你最好能原谅他，给他一次悔改的机会。

男人容易犯些风流罪过，这等事可大可小，关键取决于当事者的态度。你首先要做出一个选择，是宁为玉碎不为瓦全，还是只当微风吹皱了一池春水？这里面没什么道理好讲，婚姻这双鞋子是否舒服，真正是只有脚才知道的。

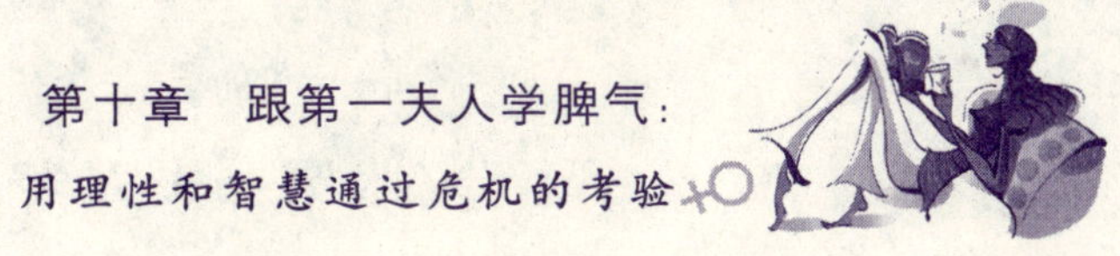

在身份和感情之间做出选择

男人出轨,女人的第一反应就是委屈,因为她的忠诚并没有换来对等的忠诚。站在女性的角度,我们似乎不应该劝女人们忍气吞声,就此罢休,但是我们已经明白,冷战是一场没有赢家的游戏,女性要独立,更要清醒,也就是说,那些不会让你后悔的选择才是有价值的,无论如何,你没有必须为了怨气和面子而陷入一场没有休止的战斗。

有这样一组漫画:

第 1 幅:男人骑着自行车带着女人,女人用手揽着男人的腰,把脸紧贴在男人的背上。

第 2 幅:男人开着车,女人坐在旁边,将手揽在男人肩上。

第 3 幅:他们换了一辆较宽的轿车,男人开着车,女人坐在旁边,两手抱着手袋。

第 4 幅:他们又换了一辆豪华轿车,男人开着车,女人远离男人而坐,脸上阴云密布。

这组漫画生动地描述了许多夫妻的情感历程。生活中有许许多多这样的实例,原本十分相爱,在困境中也共同度过的夫妻,当生活条件发生了大的变化时,却出现了严重的感情危机,甚至分道扬镳,各奔前程。莫

非夫妻只能够共患难，却不能同富贵吗？

一个不容忽视的事实是，当人的地位或生活条件有了大的变化，人的心态往往也会随之改变。有的人会由谦和变得自负，由克制变得放纵。与此同时，人的享受的需求也会增加，这种变化在一些事业成功的男人身上表现得尤其突出。

一般说来，男人的色胆与他的钱包厚薄有关系。如果男人的钱包鼓起来，他的色胆也会因此而膨胀；反之，如果他的钱包瘪瘪的，他就会因担心财政赤字而退缩。因为放纵也需要物质支持，出去住“爱情旅馆”要钱，吃喝玩乐都需要钱。香港女作家亦舒曾经说过：“男人！要月薪三万元以上才能看出他的本性吧。”

即使这个男人一向很正派，当他拥有权势和金钱后，也会成为一些女人注目的目标，这些女人会主动投怀送抱，这会给男人带来新的感情刺激，很少有男人能抵抗住这种诱惑。但是一般情况下，男人的目标还是“回家”。

一个男人病危，他让医院通知两个女人。一个是他的情人，一个是他的妻子。两个女人一前一后进了屋。

见到情人，男人的眼睛为之一亮。他慢慢地从贴身的衣兜里，掏出一个电话本，然后从里面摸出一片树叶标本。他说：“你还记得吗？我们相识在一棵丁香树下，这片丁香叶正好落在你的秀发上，我一直珍藏着……我一辈子也忘不了你。”

说完，他看到了紧跟在情人的后面而来的妻子。看上去，妻子焦急又憔悴。他以为妻子是不会来的，便一惊，然后眼里涌出几滴泪水，你望着妻子。几分钟后，他缓缓地从枕头底下，拿出一个钱包。他对妻子说：“让

你受苦了，这是我积攒的全部积蓄38万元，还有股权证、房产证，留给你和儿子的，好好生活，我要走了……"

其实，在一些男人的心目中，情人只是一朵丁香花，谈情说爱时是满眼芬芳，一旦到了生离死别的时候，情人就是那枯萎的丁香，苦味只能留给自己品尝。而妻子却是一个口袋，扔了时是一块破布，捡起来仍是盛钱的口袋，他会把名分财产与最后的爱都留给妻子。

男人的心理，也许让女人费解，但是由此你也可以找到一种解决问题的入口：我要的究竟是什么？这个问题想通了，下面的事情也就好说了。

以自然的心态，为愤怒"疗伤"

一位婚姻专家这样形容男人出轨：你买了一辆劳斯莱斯跑车，视它为宝贝，可是，有一天，它的漆面被别的车刮了一下，你就一气之下把你心爱的劳斯莱斯当成垃圾一样扔掉吗？

显然不能，到维护中心重新上漆就OK了。

这道理女人们都明白，事实上，有许多女人也以自己宽容的胸怀，接纳了曾经跑偏的老公。人还是过去的人，日子还是过去的日子，只是心像破碎的玻璃，再也恢复不了往常的模样。

他是一个成功的男人，有温柔的妻子，也有一个年轻的情人，他两个

都爱,都放不下。的确,妻子给他温暖,情人给他激情,他看上去无法取舍,左右为难。

妻子提出离婚,他坚决不肯。三个人旷日持久地拖着,妻子对他,从伤心愤怒到冷漠无奈。最后他还是选择了妻子,舍弃了情人。

双方的家长出面,让妻子宽容一些,公婆都不希望失去这么好的儿媳妇,她自己的父母也不希望她离婚,毕竟她没有犯错,何必要承担这样的伤害?

妻子知道自己还爱他,不然也不会原谅他,毕竟舍不得。然而,对他的信任,却怎么也无法重新建立起来。她不知道,这个男人什么时候才能长大成熟,才能让她放心。如果自己总是在一种惶恐的心态下去经营婚姻,那么还有维持的必要吗?

妻子很矛盾,所以,虽然表面上看一切安然无事,可她并不快乐,反而心事重重。面对他一如既往的亲近,她有点厌恶和抗拒。她会不自觉地想到,他也曾这样对那个女孩温柔过,他的心里是否也会想念她?

看着丈夫日渐不满的情绪,妻子知道自己不能总是这样拒绝他。然而,她却无能为力。她也开始有新的隐忧,如果自己一直这样"冷淡",会不会给他再次出轨的理由?可是,越着急越委屈,到底自己做错了什么,陷入如此被动的局面?

出轨的老公回家了,他就像一个犯了错的孩子,又回到了你的身边,甚至信誓旦旦地说"你依然是我的最爱",他怀着一种忐忑不安的心情,渴望得到你的宽恕……

可你却需要时间来让自己重新找到爱他的感觉,也包括再次接受他。这时,你五味杂陈:到底该怎么面对这个出轨的老公呢?

的确，老公回来以后，都会出现各种各样的问题，在“他出轨的时候婚姻是否随之破裂”的“大”矛盾淡化下去以后，会涌现出来更多的新矛盾，需要你及时面对和解决。

首先，你自己要先从这次阴影中走出来，一颗伤痛的、破败的心，什么样的日子也过不出滋味来。事实上，可能是事情并不那么严重，而是你的想像伤害了你。

从女性的角度来说，应该珍惜每一个可以努力的细节，因为这毕竟是一个好的开始，通过它夫妻双方可以再建鹊桥。

比如，让他和自己一起做饭洗衣服，虽然你可能会觉得自己做更方便，老公笨手笨脚地反而帮不上忙，但实际上，这样细微的家庭生活交流，是一种相当不错的粘合剂。老公笨手笨脚没关系，这可能会带给你们开心的欢笑。

不要忽略牵手、拥抱的作用，这样比较“初级”的亲密，可以潜移默化地改善女性心理上的阴影，同时也让老公感受到妻子的努力，而不是无休止的责备。

沟通是必须的，但是没完没了地谈论着过去的事情，无疑是在唤醒不愉快的记忆。不一定要他认错检讨才能让你感到平衡，这样的“沟通”只能让他望而却步，更加远离，或者说，真正的远离。没有必要不断重复你受到的伤害，你更应该注意的是，如何给他一个弥补的机会。并让彼此在这段时间里，互相体谅，尽可能地增进和加深感情。

如果长时间地无法调整好心态，建议你去求助于专业的心理咨询机构。同时进行必要的健康检查，以确定是否有病理原因。

婚姻是两个人携手建设和维护的，有时候，外界出现的问题，只要完善地去处理，就可以弥补回来。

不玩引火烧身的游戏

一夜情、婚外恋，已经有了婚姻契约的男女，不约而同地背叛了家庭，玩起了这些让人心跳的游戏。当女人们完全被感觉和情绪所支配时，不管前面是鲜花还是火焰，都会义无反顾地走下去。她们得到了什么，又失去了什么呢?

男人的性心理虽然是开放的，多元化的博爱，但他们在选择组织家庭伴侣的时候表现得比较理智，比较现实。他们有很多寻找刺激浪漫的爱的花心，却总把真心留在家里。他们中的大多数都是由于一时的冲动，只是身体的需要而越轨的。女人的性心理却与男人不同，她们善于幻想，有浪漫的爱情情结。当遇到感情与性爱合二为一的爱情时，她们会不顾一切地去追求，不惜抛弃几十年的夫妻感情。男人有了婚外恋，回家对老婆会比以前更好;女人有了婚外恋，看老公怎么都不顺眼。

受传统观念影响，人们在对婚外情的评价上有双重标准:男人有点儿花心是容易被人理解的，只要他们没有破坏家庭，妻子一般也能原谅他，家庭破坏的可能性很小;女人有了婚外恋，给男人戴上了绿帽子，那就是男人的奇耻大辱，最丢人的事。他们自己可以在外寻花问柳，却绝不允许自己的女人有一点儿花心。他们也不会像女人那样用温情拉她回

家，有的只是暴跳如雷，拳打脚踢；即使女人回心转意，他们也容不得女人的污点，要么家庭永无宁日，要么家庭破裂。男人的男女伦理道德有时是虚伪的，自私的，是专为自己设计的。

而在女人自己的内心，也总是摆脱不了一种负罪的感觉。

当她与情人在一起时，冲动几乎统治了她的整个心灵世界，有一种从未体验过的满足感。然而，每次当她就要回到家里的时候，自责和负疚的感觉会强烈地反扑过来。丈夫，成了她心中一块无法逾越的界碑，上面刻满了根本无法抹掉的碑文。丈夫昔日的一切缺点，曾经是自己将感情向外倾注的借口，但此刻似乎突然间变成了对自己狭隘和刻薄的谴责，使自己失去了一切道德优势。丈夫似乎已经占领了道德的制高点，自己却处于阴森寒冷的峡谷。她突然觉得，自己不仅失去了获得丈夫的爱的所有理由，而且也失去了自己爱自己的全部理由，甚至失去了母亲的资格，失去了获得孩子的爱的权利。

在现实中，当你心中有了某种骚动之时，先问一问自己，你柔弱的肩膀、软弱的心灵，是否能够承担起这一切的后果？

好女人不越轨，这是底线，就是那些界限不甚分明的“友谊”，也要谨慎为上。

在每个女人青春年华里，大都有一种关于“红颜知己”的情绪。在与男性的关系中，做情人太腻，做老婆太俗，而“红颜知己”则是男人心底里的一朵花，天长地久，永不凋谢。

青春少女做做梦，本也无伤大雅，要命的是，有些成年女性也执迷不悟，爱上这种介于友谊和爱情之间的游戏。

那么，你真的已经看透了所谓“红颜知己”的真实面目了吗？

不管人们如何为红颜知己辩护，她的身份始终不尴不尬：她与妻子不同，妻子能够理直气壮地拥有整个男人，相依相伴一生；她也与情人不同，男人与情人彼此需要，合则聚不合则分。而红颜知己，扮演的始终是个编外、替补，她恪守自己的本分，不能相守也不可相伴，在男人需要倾诉而又不好向妻子、情人倾诉的时候，她带着盈盈的微笑，耐心聆听，做他烦恼的垃圾桶。她的兰心慧质，她的温言软语，只是他烦恼时的救命稻草，而所有的快乐与幸福，都会与妻子、情人分享，红颜知己是最了解他的旁观者，永远也不能介入他的生活。相对妻子得到的永恒温馨、情人得到的瞬间灿烂，红颜知己获得的只是一份虚无的荣耀。

完全的无限期的付出，不能求任何回报的奉献，聪明的女人绝不会如此为难自己，把生命里的一部分交付给一个不相干的男人。明知是个无底洞，还一厢情愿地往里面跳，这样的女人是笨女人，这样的红颜知己，不做也罢。

理智的女人，在感情生活中一定要有自己的底线，那种一时的迷恋、一时的刺激背后，是长长的，让人悔不当初的空虚。

命运多变，要有抗击风雨的准备和耐性

人的一生中，总是尊荣和坎坷相交，繁华和寂寞相伴，起起落落，也是寻常事。一个女人既然与自己的丈夫携手走进婚姻，那么同时她也就背负起了一个承诺，此后，无论他面临一种什么样的遭遇，只要你们的爱情不灭，你都应该以一种理性和信任的方式去解决它，而不是把它变成自己生活的负累。

聪明的女人必定有豁达的气度，她将以这种豁达去理解、支持丈夫的事业。对丈夫而言，妻子无条件的信任和支持是他向前的动力。

汽车大王亨利·福特先生，在年老时被问及他下辈子出生时希望变成什么？“只要能和太太在一起，我什么也不在乎。”福特先生这样回答。他终生都称他的太太为“信徒”，并希望永远和她厮守在一起。

19 世纪末，底特律的电灯公司以周薪 11 美元雇佣了年轻的福特。在公司，他每天工作 10 个小时，回家以后，他还要花大半个晚上在屋后的一间旧棚子里工作，因为他异想天开地想靠自己的努力设计出一种新的引擎来。

他那身为农夫的父亲认为儿子只不过是在浪费自己的时间，邻居们也都说这位年轻人是个大笨牛。周围似乎每个人都在取笑他，没有人相

信他那笨拙的修补功夫能够创造出什么神奇的好东西来！

但他太太却十分相信他，认为他完全能够凭自己的努力创造出奇迹来！一旦白天的工作做完以后，她就会到小棚子里帮助他研究。冬天，由于天色很早就暗了，她便提着煤油灯给他照明，使他能够继续工作。由于天气太冷，她的牙齿常在寒冬中颤抖，手也冻得发紫，但是她坚信她的先生终有一天会成功。在旧砖棚里艰苦地工作了三年之后，这个异想天开的稀奇玩意儿终于诞生了。1893 年，亨利·福特 30 岁生日的前夕，他的邻居们都被一连串的奇怪声音吓了一大跳。当他们跑到窗口，他们惊奇地看到亨利·福特那个大怪人和他的太太正乘坐着一辆没有马的马车，在路上摇晃着前进呢！那辆怪物似的车子居然可以跑到拐角又跑回来了呢！

就在那天晚上，一个新的工业诞生了，这是一个后来对这个国家甚至人类生活产生了重大影响的工业。如果说亨利·福特是这个新工业之父的话，那么，福特夫人这位忠诚的“信徒”，就有权利被叫做“新工业之母”了。

每一个男人一生中都需要一个忠诚的“信徒”，一个即使在他处于逆境的时候，也能一心呵护、鼓励并支持他的女人。这种忠诚和坚持，对于女性的生命也是一种升华，从而成就自己充实而丰厚的一生。

1981 年 1 月 1 日，曾经做过演员的里根夫妇进入了白宫。里根很快适应了他的新职位，而南希则增添了许多苦恼，她觉得自己精疲力竭，手足无措，蒙头转向，最终还是力不从心，甚至连应该干些什么，她也不知道。 刚开始，人们就谴责她轻浮，穿价值 1.5 万法郎一件的衣服，收藏名画、瓷器、地毯，还有她与商业表演团体的关系等。她不得不为自己辩护，但很笨拙。结婚以来，她第一次觉得和丈夫分开了。因为里根一点空

闲都没有,她觉得孤独,困惑。她对要职带来的权力并不感兴趣。后来,她慢慢明白了、懂得了她所代表的形象和她肩上的重担。于是,她放弃了昂贵的服饰和与文艺明星搞私人晚会的做法,转而去关心那些被遗弃的儿童或与毒品带来的灾难做斗争。

1981年3月30日,一个叫约翰·欣克利的小伙子,为了博得女演员乔迪·佛斯特的青睐,将一颗子弹打入总统的肺中,这个鲁莽的举动险些使总统丧命。里根住院期间,南希不但要经常守在病榻之旁安慰丈夫,而且还要与他分担痛苦,以致彻夜不眠,这次难关,是南希为人妻子的一个严厉考验。

"刺杀总统事件"之后,里根和南希之间的爱情变得更加浓烈,他们手拉着手穿越了各种考验。此后,里根连续做了几次切除癌细胞的手术,里根每次手术都处之泰然,充满信心,妻子的微笑和温存使他深受鼓舞。后来,南希也因乳腺癌切除了一个乳房,当人们知道她要做这次可怕的手术时,她只自言自语地说了一句:"这回该轮到我了!"神情满不在乎。

8年的领袖生涯,是里根夫妇的共同杰作,用一些崇拜者的话说,与其说喜爱南希或里根,不如说欣赏的是合二而一的里根夫妇整体。倘若没有里根,南希将还是个普普通通的小市民,就像里根在好莱坞和她初识的样子;如果没有南希,里根则很有可能一如很多演员一样,落得个晚景凄凉……

1989年1月20日,8年的领袖生涯结束后,他们离开人群,离开指责,离开丑闻,回到他们养老的乐园中去。在这远离摄影机、远离咨询、远离挑剔的评论家和世界重大事件的地方,里根和南希在湖上荡舟,在山谷中散步,在山野小店吃上一餐,听听当地歌手演唱,重温和继续书写他

们的爱情故事。

有一首歌唱道：我所知道的最浪漫的事，就是和你一起慢慢变老。歌唱得很轻松很浪漫，其实在我们真实的一生里，是要经历许多风雨的，名人有名人的难处，凡人有凡人的烦恼。唯一可以让我们欣慰的是，种瓜者得瓜，种豆者得豆，播种了爱情与希望、支持与理解的女人，总有身心得以舒展的时候。

还是别让心里存在太多的疑虑和计较吧，忠实于自己的选择，是女人的最佳选择。

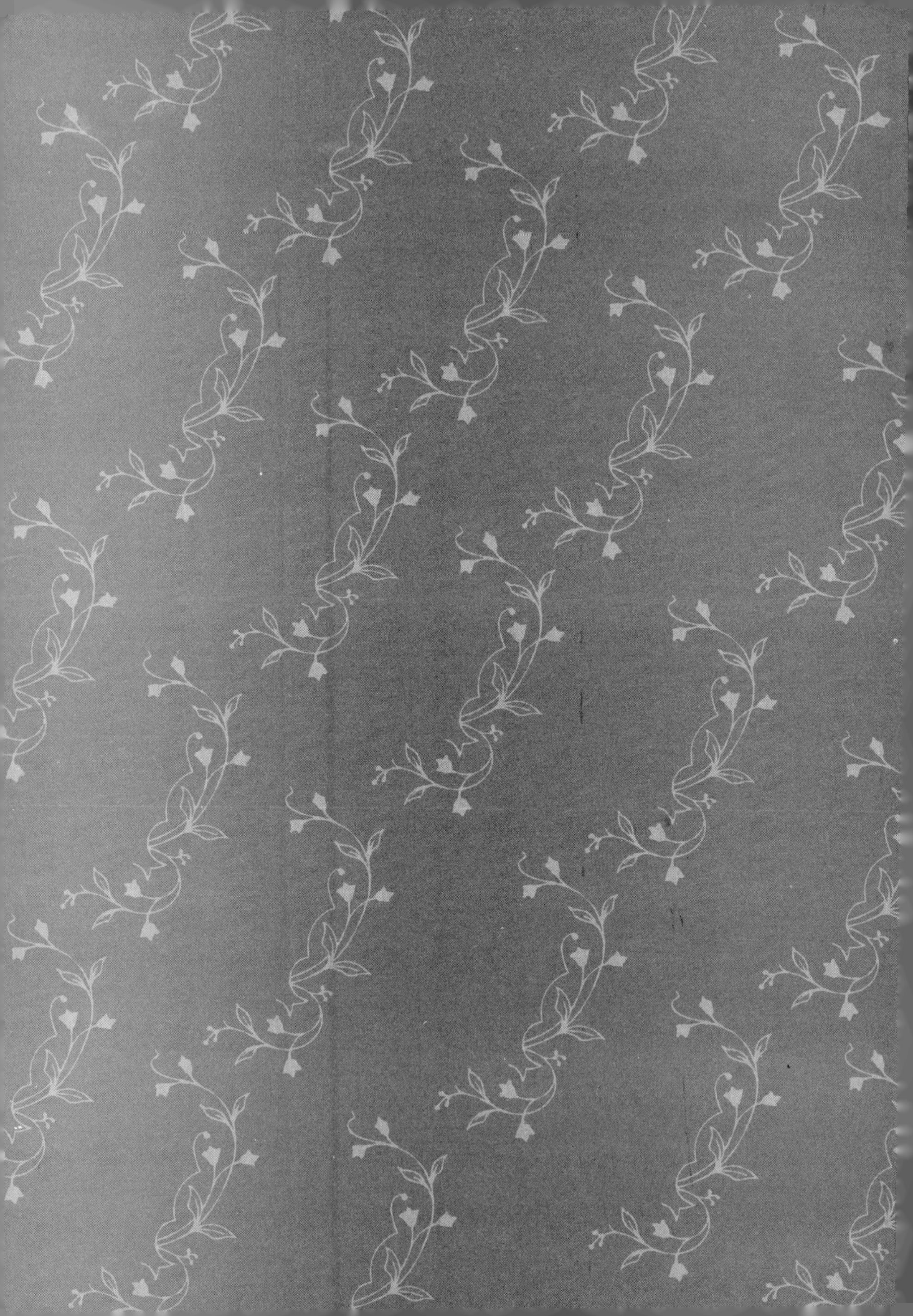